Stefan Köhler

Landser im Weltkrieg 4

Bruderkampf im Hürtgenwald – Das Brutale Ringen

um den Ort Schmidt

EK-2 Militär

ÜBER DIE REIHE
LANDSER IM WELTKRIEG

Jeder Band dieser Romanreihe erzählt eine fiktionale Geschichte, die vor dem Hintergrund realer Ereignisse und Schlachten im Zweiten Weltkrieg spielt. Im Zentrum der Geschichte steht das Schicksal deutscher Soldaten.

Wir lehnen Krieg und Gewalt ab. Kriege im Allgemeinen und der Zweite Weltkrieg im Besonderen haben unsägliches Leid über Millionen von Menschen gebracht.

Deutsche Soldaten beteiligten sich im Zweiten Weltkrieg an fürchterlichen Verbrechen. Deutsche Soldaten waren aber auch Opfer und Leittragende dieses Konfliktes. Längst nicht jeder ist als glühender Nationalsozialist und Anhänger des Hitler-Regimes in den Kampf gezogen – im Gegenteil hätten Millionen von Deutschen gerne auf die Entbehrungen, den Hunger, die Angst und die seelischen und körperlichen Wunden verzichtet. Sie wünschten sich ein »normales« Leben, einen zivilen Beruf, eine Familie, statt an den Kriegsfronten ums Überleben kämpfen zu müssen. Die Grenzerfahrung des Krieges war für die Erlebnisgeneration epochal und letztlich zog die Mehrheit ihre Motivation aus dem Glauben, durch ihren Einsatz Freunde, Familie und Heimat zu schützen.

Prof. Dr. Sönke Neitzel bescheinigt den deutschen Streitkräften in seinem Buch »Deutsche Krieger« einen bemerkenswerten Zusammenhalt, der bis zum Untergang 1945 weitgehend aufrechterhalten werden konnte. Anhänger des Regimes als auch politisch Indifferente und Gegner der

2

NS-Politik wurden im Kampf zu Schicksalsgemeinschaften zusammengeschweißt.

Genau diese Schicksalsgemeinschaften nimmt »Landser im Weltkrieg« in den Blick.

Bei den Romanen aus dieser Reihe handelt es sich um gut recherchierte Werke der Unterhaltungsliteratur, mit denen wir uns der Lebenswirklichkeit des Landsers an der Front annähern. Auf diese Weise gelingt es uns hoffentlich, die Weltkriegsgeneration besser zu verstehen und aus ihren Fehlern, aber auch aus ihrer Erfahrung zu lernen.

Nun wünschen wir Ihnen viel Lesevergnügen mit dem vorliegenden Werk.

Ihre Zufriedenheit ist unser Ziel!

Liebe Leser, liebe Leserinnen,

zunächst möchten wir uns herzlich bei Ihnen dafür bedanken, dass Sie dieses Buch erworben haben. Wir sind ein kleines Familienunternehmen aus Duisburg und freuen uns riesig über jeden einzelnen Verkauf!

Unser wichtigstes Anliegen ist es, Ihnen ein angenehmes Leseerlebnis zu bieten.

Damit uns dies gelingt, sind wir sehr an Ihrer Meinung interessiert. Haben Sie Anregungen für uns? Verbesserungsvorschläge? Kritik?

Schreiben Sie uns gerne: info@ek2-publishing.com

Nun wünschen wir Ihnen ein angenehmes Leseerlebnis!

Heiko und Jill von EK-2 Militär

Bruderkampf im Hürtgenwald

Die Nacht lag über Europa. Tiefschwarz und still. Mitternacht war vorbei.

Der amerikanische Spähtrupp befand sich in einem Tal westlich von Nideggen. First Lieutenant Frederic Miller blickte mit dem Nachtglas in die Finsternis. Schon eine ganze Weile beobachtete er die endlos erscheinenden Wälder. Leutnant Miller, den seine Freunde `Freddy´ nannten, hob lauschend den Kopf und horchte angespannt rüber, dorthin, wo die Deutschen lagen.

Neben dem Lieutenant lauschte Sergeant James Clark ebenfalls in die Nacht.

„Die verdammte Stille ist schlimmer als die beschissene Artillerie der Deutschen."

Und wirklich: Es war totenstill. Das große Schweigen der Nacht hatte sich über den Wald gelegt. Wenigstens im Augenblick. Kein Postenruf. Kein Waffengeklirr. Kein klapperndes Schanzzeug. Nichts tönte vom Feind herüber.

Miller ließ das Glas sinken und lachte gedämpft: „Nur nichts beschreien, Sergeant. Freuen wir uns, so lange es anhält."

Sie schlichen zum Rest der Gruppe zurück.

„Kaffee, Sir?", fragte Funker Mellish und reichte Miller einen dampfenden Becher.

„Gerne. Danke." Miller nippte vorsichtig an dem heißen Getränk und schloss dann die in Handschuhen steckenden Finger eng um den Becher.

Copeland, der Schütze der Browing Automatic Rifle oder kurz BAR, reichte dem Sergeant ebenfalls einen dampfenden Becher. Sein Kamerad Wassen, der zusätzliche Magazine für das leichte Maschinengewehr mitführte, bediente den kleinen Kocher. Die meisten anderen hockten unter den Zeltplanen und hatten die Hände ebenfalls um warme Becher gelegt. Sie alle gehörten zum 22. Regiment der 28. US-Infanterie-Division *Keystone*.

Plötzlich knallten zwei Schüsse herüber. Erschrocken fuhren die Männer auf.

„Verdammte Scheiße! Was war das denn?", rief Wassen aus.

„Das klang nach Pistolenschüssen. Die kamen von unserer Seite und zwar ganz aus der Nähe", meinte Clark mit Kennermiene.

„Sehen Sie mal nach, Sergeant", ordnete Miller an. „Nehmen Sie Copeland, Wassen und Pellosi mit."

„Verstanden, Sir. Los, Männer, auf geht´s!"

Die Soldaten griffen nach ihren Waffen, ehe sie vorsichtig durch die Büsche in Richtung Geräuschquelle pirschten. Miller vernahm kurz darauf zornige Worte. Wenig später tauchten die vier Männer mit verärgerter Miene wieder auf.

„Was hat es da gegeben, Sergeant?", wollte Miller wissen.

„Dieser verdammte Kriegsberichterstatter, den sie uns zugeteilt haben, hat einen der gefangenen Krauts umgelegt", erwiderte Clark empört. „Faselte irgendetwas von Fluchtversuch.

Sir, das ist nicht das erste Mal, dass dieser komische Kauz einen Gefangenen beiseite nimmt und ihn dann abknallt. Wir sollten den Kerl so schnell wie möglich los werden."

„Ich werde alles daran setzen, Sergeant." Miller presste zornig die Lippen zusammen. Der Kriegsberichterstatter der Division sollte sich gefälligst auf seine Aufgaben konzentrieren, statt Kriegsgefangene umzulegen.

„Besser früher als später, Sir", ließ sich Pellosi vernehmen. „Durch die Knallerei weckt der noch die Deutschen auf und dann bepflastert uns wieder ihre verdammte Artillerie."

Damit hatte Pellosi nicht ganz Unrecht. Miller schüttelte den Kopf.

Daraufhin zuckten Blitze im Osten auf. Doch anders, als bei einem Gewitter, zuckten diese Blitze nicht vom Himmel zur Erde hernieder, sondern erhellten den dunklen Horizont im Stakkatolicht der deutschen Geschütze. Für Bruchteile einer Sekunde wurden die dichten Schneewolken am Dezemberhimmel in einen gespenstischen Schimmer gehüllt.

„Madonna, ich hab's doch geahnt!", schimpfte Pellosi. „Jetzt kriegen wir den ganzen Segen ab!"

„Volle Deckung!", rief Lieutenant Miller. Er und die Männer sprangen in die mühsam ausgehobenen Schützenlöcher. Dann brach auch schon ein Inferno aus Feuer, Stahl, Tod und Verderben über die amerikanischen Soldaten herein.

Miller schützte den Kopf mit den Armen und verfluchte den Kriegsberichterstatter, der ihnen das Sperrfeuer beschert hatte. Verdammt dämlicher Kerl, dieser Hemingway …

Weniger als einen Kilometer entfernt, in Schmidt, dem größten Stadtteil von Nideggen, hockten deutsche Soldaten in arg zusammengeschossenen Gebäuden. Besonders begehrt waren die Plätze nahe den warmen Öfen. Um Spannungen zu vermeiden, hatte man eine Art Schichtsystem eingeführt, in dem jeder einmal in Ofennähe sitzen und sich richtig aufwärmen konnte. Zum Glück war die hier lebende Bevölkerung schon vor Ausbruch der ersten Gefechte evakuiert worden, sie hätte in der Kälte noch schlimmer gelitten. Weitere Landser kauerten in den Ecken und schliefen. Sie waren erschöpft.

Und das Bataillon?

Wie viele waren sie denn überhaupt noch?

Ausfälle über Ausfälle! Auch die ihnen gegenüberliegenden Feindverbände waren stark dezimiert worden, doch was hieß das schon? Wenn eine amerikanische Einheit aufgerieben wurde, standen im nächsten Augenblick zwei neue da.

Ein Major saß am Tisch, auf dem einige Karten und Papiere lagen. Vor ihm auf der leeren Munitionskiste lümmelte sich ein Oberleutnant.

„Ich würde Sie ja bei unserem Haufen willkommen heißen, Oberleutnant Drechsler", sagte Major Wolfgang Stüttgen mit der Andeutung eines Lächelns in seinem verhärmten Gesicht. „Aber ich glaube, das wäre nach drei Monaten im Lazarett nicht ganz angemessen."

Oberleutnant Josef Drechsler erwiderte das schwache Lächeln, sagte jedoch nichts. Sein Ritterkreuz wackelte bei jeder Kopfbewegung.

Der Major blätterte in den Marschbefehlen des Neuzugangs. „Als Unteroffizier in Nordafrika, dann Offizierslehrgang und schließlich Leutnant in der Normandie. Dort schwer verwundet worden."

Das Aufbrüllen schwerer Geschütze unterbrach den Bataillonskommandeur für kurze Zeit. Die deutsche Artillerie schoss wieder Störfeuer gegen die amerikanischen Stellungen.

„Ich teile Sie der 2. Kompanie zu", erhob der Major seine Stimme über das Tosen. „Die 2. hat fast alle ihre Offiziere und Unteroffiziere verloren. Eine ganze Reihe von Leuten wurde befördert, um die gröbsten Lücken aufzufüllen. Erfahrener Ersatz kommt dieser Tage ja kaum noch an die Front. Sie bilden da die erfreuliche Ausnahme."

„Ich verstehe, Herr Major. Wie ist die Stärke der 2. Kompanie?"

„Die Stärke?" Auf Stüttgens Stirn bildeten sich Falten. „In etwa so wie beim Rest des Bataillons, rund ein Drittel Ausfälle aller Art."

Die Tür öffnete sich und ein völlig verdreckter Soldat trat ein.

„Mensch, mach die verdammte Tür zu!", raunzte einer der Landser den Neuankömmling an. „Es ist schweinekalt da draußen!"

„Das musst du mir nicht sagen, Kamerad", erwiderte der Soldat, zog den Schal aus dem stoppelbärtigen Gesicht, schloss die Tür und stampfte mit den Füßen auf. Schnee und Matsch lösten sich von den Stiefeln.

„Beim Pissen musste ich den gefrorenen Strahl abschlagen."

„Na, so lange nichts anderes dabei beschädigt wurde", lästerte der andere mit breitem Grinsen im hohlen Gesicht.

„Sind Sie das, Rauterkus?", rief Major Stüttgen.

„Jawohl, Herr Major."

„Das trifft sich gut. Kommen Sie herüber, Unteroffizier. Ihr neuer Kompaniechef ist angekommen."

Der Angesprochene kam herbeigeeilt und fasste den Oberleutnant kurz ins Auge, bevor er grüßte. Er tat es mit der Hand an der Mütze, nicht mit durchgestrecktem Arm, wie Drechsler registrierte. Der Major machte eine lässige Handbewegung in Richtung Stirn, die ein Gruß sein konnte oder auch nicht.

„Rauterkus, dies ist Oberleutnant Drechsler, der neue Führer der 2. Kompanie", verkündete Stüttgen.

„Willkommen, Herr Oberleutnant", sagte Rauterkus zu Drechsler.

„Unteroffizier."

Die beiden Männer reichten sich die Hand.

„Wenn es Ihnen Recht ist, Herr Major, würde ich gerne so schnell wie möglich zu meiner Kompanie."

„Natürlich." Stüttgen nickte zustimmend.

Drechsler ahmte den militärischen Gruß des Unteroffiziers nach und der Major reagierte erneut mit seiner undefinierbaren Handbewegung.

Der Oberleutnant folgte Rauterkus, der ihm die Tür öffnete und mit seinem neuen Kompaniechef in die Kälte trat.

„Folgen Sie mir", sagte Rauterkus und führte den Oberleutnant an den teilweise zerschossenen und zerbombten Gebäuden entlang. „Der Haufen liegt am westlichen Rand von Schmidt."

Es war wirklich kalt. Die Luft brannte in der Nase. Der pechschwarze Himmel lag wie ein Mantel über dem Land, nur die Sterne blinkten wie poliertes Glas. In der Ferne krepierten rumpelnd Granaten und Abschüsse beleuchteten den Horizont. Sie warfen scharfe Schatten zwischen die Häuser.

Drechsler packte den Unteroffizier am Ärmel und zog ihn in den Eingang eines halb zusammengefallenen Gebäudes. Ein strahlendes Lächeln breitete sich auf seinem Gesicht aus. „Menschenskind, Karl!"

Die dreckstarrende Uniform ignorierend umarmte er Rauterkus und klopfte ihm auf den Rücken. „Keiner wusste, wo du abgeblieben bist!"

„Jupp!" Rauterkus erwiderte die Umarmung. „Verdammt, tut das gut, dich zu sehen!"

Etwas verlegen über den Gefühlsausbruch lösten sie sich voneinander und nahmen einen raschen Rundblick, ob sie auch niemand beobachtet hatte. Man konnte ja nicht vorsichtig genug sein.

„Es hieß, es hätte dich in der Normandie erwischt", sagte Drechsler.

Der Unteroffizier schnaufte, kramte ein Zigarettenpäckchen aus seiner Tasche hervor und bot seinem Gegenüber eine Kippe an. „Davon träumst du auch nur. Ich habe in der Normandie nicht mal eine Schramme abbekommen."

„Du warst schon immer ein glücklicher Bastard, Karl." Drechsler nahm eine Zigarette aus der Packung und steckte sie sich zwischen die Lippen. Rauterkus hob ein Sturmfeuerzeug, schirmte es mit der Hand ab und ließ den Oberleutnant den ersten tiefen Zug machen, bevor er sich seine eigene Kippe ansteckte.

„Amerikanischer Tabak", stellte Drechsler fest. „Wo hast du den her?"

„Daher, wo ich auch die her habe", erwiderte Rauterkus und klopfte mit der Hand auf das Pistolenholster an seiner Hüfte. Drechsler erkannte im fahlen Licht einen .45er Colt.

„Verstehe." Er sog genießerisch den aromatischen Tabak ein. „Wie ist es dir ergangen?"

„Man hat mich von einer Einheit zur anderen weitergereicht, bis ich schließlich hier gelandet bin."

„Und du wurdest befördert."

Rauterkus zuckte mit den Achseln. „Das ist nur den hohen Verlusten geschuldet. Mit meinem Eintrag in der Personalakte hätten die mich sonst nie befördert."

Das altbekannte Schuldgefühl kroch in Drechsler empor. „Hör mal, Karl …"

„Vergiss es. Hab´ ich dir schon tausendmal gesagt, Jupp. Es ist, wie es ist."

Die beiden Männer standen einige Minuten nebeneinander und beobachteten das von einem unheimlichen Grollen untermalte Lichtspiel am Horizont.

„Hast du von irgendjemandem was gehört?", wollte Rauterkus dann wissen.

„Jürgen ist mit seinem Boot auf See geblieben. Achim wird an der Ostfront vermisst. Und den alten Bauern Jost haben die Tiefflieger im Herbst auf seinen Feldern erwischt, zusammen mit drei Fremdarbeitern."

„Ach, verdammt."

Rauterkus sah betrübt zu Boden und kickte einen Schneeklumpen beiseite. Der Krieg war nicht wählerisch, er fraß sie alle, Soldaten, Zivilisten, Männer, Frauen, Kinder.

„Und Sabine?"

„Vermisst dich jeden Tag mehr."

Erneut schwiegen sie.

„Was ist mit Stüttgen?", wollte Drechsler schließlich wissen.

„Der Major ist noch von der alten Schule; soll heißen, er ist so weit in Ordnung.“

„Und unsere Kompanie?“

„Die Männer sind erschöpft, viele sind krank. Das, was an Nachschub durchkommt würde für einen vollständigen Zug nicht reichen. Da ist es von Vorteil, dass wir völlig unterbesetzt sind“, erläuterte Rauterkus zynisch.

„Also wie überall“, stellte der Oberleutnant fest. „Sonst noch was?“

„Einen Spieß haben wir derzeit nicht, den letzten hat die Artillerie erwischt. Dein Stellvertreter ist Leutnant Oettinger. Kommt frisch von der Napola. Auf den musst du aufpassen, der glaubt immer noch, Adolf pisst Limonade.“

Rauterkus verbiss sich ein Auflachen. Diese spitzen Kommentare hatte er schon immer gemocht. Andere weniger.

„Verstanden.“

„Wir sollten weiter, bevor wir hier noch festfrieren“, meinte Rauterkus und stampfte mit den Füssen auf.

„Guter Gedanke.“

Sie warfen die Zigarettenstummel in den Schnee und setzten ihren Weg fort.

Einige Tage später

Am östlichen Horizont meldete ein leichter Schimmer das Nahen eines neuen Tages an. Die am Firmament stehenden Sterne begannen langsam zu verblassen. Frostklar und schneidend kalt war die Luft, die bei jedem Atemzug in der Lunge brannte.

Der deutsche Wachposten blies in seinem Schützenloch eine Atemfahne in die Höhe, während er den Himmel musterte.

„Heute scheint es mal keinen Schnee zu geben“, meinte er.

„Kann sein.“ Sein Kamerad rieb sich die trotz der Handschuhe kalten Finger.

„Ich habe die verdammten Nachtwachen so satt! Man friert sich hier die Eier ab, während unser Nachwuchs-Goebbels hinten im warmen Haus pennt!"

„Hältst du wohl die Schnauze!", fuhr ihm sein Kamerad sofort über den Mund. „Bist du von allen guten Geistern verlassen worden, Voß? Wenn das der Falsche hört, bist du geliefert, du Idiot!"

„Ich mein ja nur", gab Voß kleinlaut zurück. „Ich vertraue dir eben."

„Kannst du ja auch. Aber sei trotzdem vorsichtiger."

„Hast ja recht. Aber sogar der neue Kompanieführer hat schon mitbekommen, was es mit Oettinger auf sich hat."

„Ja, der Drechsler scheint in Ordnung zu sein. Ich habe gehört, der war in Afrika und der Normandie dabei. Der weiß also, wie der Hase läuft."

„Ist doch schön, zur Abwechslung mal einen Kompanieführer zu haben, der etwas von seinem Handwerk versteht und nicht Sturmläufe ins feindliche MG-Feuer befiehlt."

„Fängst du schon wieder an!"

„Ich bin ja schon still. Beruhige dich, Richards."

In Schmidt drängten sich die frierenden Landser mit rot entzündeten Augen und Stoppelbärten um die offenen Feuerstellen. Die ganze Nacht war sehr ruhig verlaufen. Nur einige wenige Artillerieabschüsse oder MG-Salven hatten die Männer aufgeschreckt.

In seinem Schützenloch fiel es Voß trotz der Kälte schwer, die Augen offen zu halten. Wie gerne wäre jetzt Zuhause bei seiner Frau und den Kindern! Ob die Kleinen ihn überhaupt noch erkennen würden? Die Gedanken an Daheim dämpften seine Wahrnehmung, aber nun fuhr er schlagartig auf, seine Sinne schalteten vom Familienvater auf die eines Veteranen zurück. Ein Knirschen hing in der Luft, gefolgt von einem leisen Grollen.

„Richards. Du, Richards!"

„Mensch, du brüllst uns noch die Amis auf den Hals!", beschwerte sich sein Kamerad. „Was ist denn?"

„Hör doch mal."

„Was soll ich denn hören?" Richards zog den Schal herunter, den er sich bis hoch zu den Ohren um die Schultern gewickelt hatte. „Oh, verdammt!"

Angestrengt lauschten sie in den beginnenden Tag hinein. Der Wind trug das Geräusch in wechselnder Lautstärke zu den horchenden Wachposten. Das Klirren der Ketten, das dumpfe Röhren ihrer Motoren war für die Landser unverkennbar. Es brummte, als fauchten Riesen der Urzeit. Und darüber lag ein Klang, als würden leere Blechdosen in Massen auf einen Haufen schon liegender Dosen geworfen.

„Das sind eindeutig Panzer!", rief Richards aus.

Eine Gestalt sprang zwischen die beiden lauschenden Wachposten ins Schützenloch und jagte ihnen einen gehörigen Schrecken ein.

„Wie sieht es aus?", fragte Unteroffizier Rauterkus.

„Panzer, Herr Unteroffizier", berichtete Voß. „Man kann sie deutlich hören."

„Ja", stimmte Rauterkus nachdenklich zu und verzog das Gesicht. „Ich gebe Alarm. Ihr haltet so lange die Füße still."

„Verstanden, Herr Unteroffizier."

Rauterkus stemmte sich aus dem Loch und hastete so schnell wie möglich durch den Schnee nach hinten.

Die beiden Landser wechselten einen kurzen Blick. Rauterkus war ein erfahrener Veteran, davon zeugten seine Kompetenz und seine Auszeichnungen. Aber Leutnant Oettinger, wegen seiner Reden in der Truppe respektlos auch als „Nachwuchs-Goebbels" bezeichnet, hatte den Unteroffizier vom ersten Tag an auf dem Kieker gehabt. Die beiden jungen Soldaten waren sich sicher, dass eine interessante Geschichte dahinter steckte. Nach ihrer ganz eigenen Logik konnte jemand, der Oettinger auf die Palme brachte, ein so übler Kerl nicht sein. Vorerst aber mussten sie sich um den amerikanischen Angriff kümmern.

„Panzer aus Westen im Anmarsch!" Rauterkus rannte zwischen den Gebäuden entlang und scheuchte die Truppe auf. „Panzer! Panzer!"

Der Ruf pflanzte sich rasch durchs ganze Dorf fort.

„Panzer! Alarm!"

Eine Sekunde lang rieben sich die noch dösenden Landser verschlafen die Augen, dann war die lähmende Müdigkeit, die die Knochen so schwer machte, mit einem Male wie weggeblasen. Überall sprangen sie auf und griffen nach Waffen und Ausrüstung. Sie schnappten sich Handgranaten, Panzerminen und Panzerfäuste. Sie rannten zwischen den Trümmerhaufen auf den Rand des Dorfes zu, bis sie an einem tiefen Panzergraben haltmachten.

Inzwischen steigerte sich der Lärm immer weiter und die Männer spürten, wie der gefrorene Boden von den Ketten der rollenden Panzer in Schwingungen versetzt wurde. In ihrem Rücken feuerte jetzt die Artillerie. Geschosse flogen pfeifend über die kauernden deutschen Soldaten hinweg. Die Einschläge konnten sie in den Gräben nicht sehen. Sie ereigneten sich irgendwo im dichten Wald voraus. Die eigenen Geschütze feuerten auf die wenigen schlammigen Straßen, die durch das Waldgebiet führten.

Zwei dunkle Flecke lösten sich aus einer wenige hundert Meter entfernten Baumgruppe und näherten sich über die angrenzende, verschneite Wiese.

Voß kniff die Augen zusammen, um zu erkennen, worum es sich handelte.

„Verdammte Sauerei! Das sind amerikanische Sherman-Panzer!" Er deutete auf die Schemen.

Die beiden Landser sahen noch das Aufblitzen des Mündungsfeuers der Kampfwagen, dann detonierten die Granaten auch schon mit einem ohrenbetäubenden Lärm. Sie duckten sich in ihr Schützenloch, Splitter und ein paar Brocken gefrorenen Schnees sausten über ihren Kopf hinweg.

Bevor die amerikanischen Panzer eine zweite Salve abfeuern konnten, sprangen Rauterkus und der Gefreite Hesse, ein Ersatzmann, in den Graben. Sie zogen eine Holzkiste hinter sich her und rissen sofort den Deckel ab. Zum Vorschein kamen vier dünne Rohre mit einer mechanischen Visiereinrichtung, an deren Spitze je ein dicker Gefechtskopf saß.

Panzerfäuste!

Unteroffizier Rauterkus biss die Zähne zusammen. Zehn, zwölf, vierzehn amerikanische M4 Sherman tauchten in seinem Blickfeld auf. Immer näher schoben sich die Ungetüme an die deutschen Stellungen heran. Der M4 war gut 30 Tonnen schwer, bewaffnet mit einer 75-Millimeter-Kanone und drei Maschinengewehren, einem schweren 12,7-Millimeter und zwei 7,62-Millimeter-MG.

Die feindliche Artillerie schaltete sich in den Kampf ein. Dort, wo die deutschen Batterien standen, fuhren ihre Geschosse krachend in den Boden. Das deutsche Feuer lag dennoch gut. Granaten explodierten auf Baumwipfelhöhe und spickten die Umgebung mit Splittern aus Stahl und Holz. Die US-Infanterie erlitt erste sichtbare Verluste.

Nun eröffneten die beiden im Dorf versteckten 75-Millimeter-Panzerabwehrkanonen das Feuer. Eine Granate traf die Nahtstelle zwischen Turm und Wanne des ersten Sherman. Der Panzer platzte berstend in einem aufglühenden Feuerball auseinander, der brausend und tobend vor der amerikanischen Panzerkolonne aufblühte. Ein erschütternder Anblick, der auf die anderen Sherman-Besatzungen sicherlich niederschmetternd wirkte.

Ein zweiter Panzer drehte sich auf einmal komplett um die eigene Achse, ehe er qualmend zum Stillstand kam. Ein Geschoss hatte ihm die linke Kette weggerissen.

Die Pak feuerten erneut und ein weiterer M4 erhielt einen Volltreffer. Die Explosion schleuderte den schweren Geschützturm des Kampfwagens in die Höhe, ehe er krachend auf dem schneebedeckten Boden landete.

Noch elf, dachte sich Rauterkus.

Mit voller Fahrt rasten die stählernen Ungetüme an die deutschen Stellungen heran. Ununterbrochen loderte das Mündungsfeuer ihrer Kanonen und Maschinengewehre auf. Krachend flog hinter Rauterkus ein halb verfallenes Haus in einer Fontäne aus Dreck und Splittern auseinander, welche auf die Landser in ihren Löchern niederprasselten. Fragmente, Eisstücke und gefrorenes Erdreich trommelten den Männern auf die Stahlhelme und Schultern.

„Das war verdammt nahe", knurrte Richards.

„Ja." Vorsichtig schob Rauterkus den Kopf über den Rand der Deckung. Immer näher kamen die US-Panzer heran. Pfeifend orgelte eine Granate über seinen Schädel hinweg und schlug knapp hinter ihm ein. Ein Schwall Schnee warf sich über Rauterkus, drohte ihn unter sich zu begraben. Eilfertig klopfte sich der Unteroffizier große, weiße Brocken vom Waffenrock.

„Zwei Panzer sind den anderen ein Stück voraus. Die müssen wir zuerst erledigen." Die Gelassenheit, mit der der Unteroffizier diese Worte aussprach, wollte so gar nicht zur Situation passen. Er und Voß nahmen je ein Abschussrohr auf.

Wenn die Panzer ihre Richtung beibehielten, würden sie seitlich ihnen vorbeirollen. Darauf baute Rauterkus seinen Angriffsplan auf.

Ganz nah dröhnten die PS-starken Motoren der M4. Der gefrorene Boden vibrierte unter dem Vormarsch der Kolosse, erste Risse taten sich in den Wänden der Gräben auf. Erde rieselte auf die am Boden der Gräben und Löcher kauernden Gestalten. Keine fünf Meter links und rechts des Erdlochs rumpeln die ersten beiden Panzer vorbei.

„Fertig! Feuer!"

Zwei schmutzverschmierte Gesichter peilten über die Zielvorrichtung ihrer Panzerfaust die Hinterseite eines Sherman an. Die beiden Schützen drücken den Auslöser durch. Die Hohlladungsgeschosse rasten auf das Heck des von ihnen anvisierten Panzers zu, dann zwang die furchtbare Detonation die Landser in den Schutz des Erdlochs zurück. Über den Rand nach oben spähend, sahen Rauterkus, Richards, Voß und Hesse, wie der Turm des Panzers auf einer Feuersäule in die Höhe schnellte.

Links von ihnen erklang triumphierendes Geschrei. Der zweite M4 drüben beim Loch des Oberleutnants stand ebenfalls in hellen Flammen.

„Die sind erledigt", sagte Rauterkus.

Hesse und Richards schnappten sich die beiden verbliebenen Panzerfäuste und stemmten sich in die Höhe. Zehn Meter neben dem lodernden Panzerwrack beim Oberleutnant rollte ein Sherman und Richards feuerte seine Panzerfaust ab, wobei er zwischen die Laufrollen zielte. Das Geschoss durchdrang den dünnen, seitlichen Panzerschutz der Wanne und ließ einen Schauer aus Splittern durch den Innenraum des M4 rasen. Glühend heiße Metallstücke, Fragmente von der durchdrungenen Panzerung als auch vom Gefechtskopf, rissen Treibstoffleitungen und Granaten für das Hauptgeschütz auf. Die Mischung aus einem Nebel von Dieseltreibstoff und Treibmitteln entzündete sich praktisch sofort. Flammen loderten aus sämtlichen Luken in die Höhe. Knatternd ging weitere Munition hoch und der Sherman kam langsam zum Stehen.

Als Richards wieder in den Schutz des Deckungslochs abtauchte, schlug eine Reihe feindlicher Geschosse in den Rand des Grabens ein. Amerikanische Halbkettenfahrzeuge waren aufgefahren und beschossen die deutschen Linien. Hesse sackte mit einem Gurgeln zu Boden. Eines der fingerdicken

Geschosse hatte ihm den Hals aufgerissen. Hellrotes Blut besudelte Hose und Stiefel von Richards.

„Scheiße, den Jungen hat´s erwischt!"

Richards fummelte ein Verbandspack aus seiner Tasche und rang den wild um sich schlagenden Hesse zu Boden. Er presste den Mull auf die Wunde, doch seine Erfahrung sagte ihm, dass die Verwundung zu schwerwiegend war.

Vor den deutschen Linien lagen bereits sieben feindliche Panzer als brennende Wracks im Gelände verstreut. Die noch verbliebenen Sherman schossen wild in die Gegend hinein.

„Amerikanische Infanterie!"

Diese Worte genügten den Männern, um ihnen den Schweiß aus allen Poren hervorbrechen zu lassen. Die Amis gingen oftmals mit überwältigender Feuerkraft und in Überzahl gegen die deutschen Linien vor, bis diese schließlich nachgaben oder durchbrochen wurden. Für gewöhnlich hämmerte neben der Artillerie auch noch die alliierte Luftwaffe auf ihren Gegner ein. Doch zumindest von Feindfliegern blieben die Deutschen dieses Mal verschont, da sie in den dichten Wäldern ihre Ziele nicht ausmachen konnten und beide Seiten oftmals auf engsten Raum miteinander fochten. Eigene Maschinen bekamen die Landser nur sehr selten zu sehen, zu stark war die alliierte Luftüberlegenheit.

Nun eröffneten auch die bisher stumm gebliebenen Maschinengewehre der Deutschen das Feuer. Die MG42 bestrichen das Vorgelände und hielten in den Reihen der Amerikaner fürchterliche Ernte.

Hinten, zwischen den Hausruinen Schmidt, ploppten die Mörser der Kompanie los. Eine Kette von Detonationen riss große Lücken in die Reihen der Amis, die wie eine Flutwelle auf die deutschen Stellungen zuströmten.

„Gerade noch zur rechten Zeit", meinte Rauterkus.

Im Stillen dachte Voß dasselbe.

Der Unteroffizier wandte sich zu Richards um. „Was ist mit Hesse?"

Richards schüttelte den Kopf. Er klaubte eine Handvoll Schneematsch vom Boden auf und versuchte, das Blut von seinen Händen zu bekommen.

„Verdammt."

Ein Trupp Amerikaner stürmte vor und geriet in das Minenfeld vor der deutschen Linie. Antipersonenminen zündeten. Grässliche Schreie gellten durch das Dröhnen und Tosen des Gefechts.

Doch auch dadurch wurde der amerikanische Ansturm nicht gestoppt. Immer mehr und mehr Männer, Halbkettenfahrzeuge und Panzer wühlten sich aus dem Schutz der Wälder hervor.

„Die wollen es wissen", brummte Rauterkus und brachte seine Maschinenpistole in Anschlag. „Haltet drauf, Männer!"

Er zog den Abzug durch und streute kurze Garben ins Vorfeld.

Richards und Voß feuerten mit ihren Karabinern 98k, so schnell sie eine neue Patrone ins Lager hebeln konnten. Wieder einmal zeigte sich, dass die Feuerkraft der Amerikaner der eigenen überlegen war. Die waren großzügig mit einer Vielzahl an automatischen Gewehren und Maschinengewehren ausgerüstet, während die Mehrzahl der deutschen Truppen immer noch mit den gleichen Waffen kämpfte wie zu Beginn des Krieges.

Dann pfiffen auch noch die Granaten der amerikanischen Artillerie heran. Geschütze aller Kaliber versuchten, die deutsche Linie sturmreif zu schießen. Immer dichter lagen die Einschläge. Dreck und Splitter flog den Landsern so dicht um die Ohren, dass ihnen buchstäblich Hören und Sehen verging. Im Sekundentakt wurden von den Granaten neue Fontänen aus dem Erdboden gerissen. Die Zahl der Verteidiger schmolz dahin. Das Wimmern der Sterbenden und das Stöhnen der Verwundeten ging im Bersten der Explosionen unter. Der Orkan der gegnerischen Feuerwalze fegte alles hinfort.

Über das Tosen erklang eine einsame Trillerpfeife, zweimal tönten drei kurze Pfiffe – das vereinbarte Rückzugssignal.

„Zurück zur zweiten Auffanglinie!", brüllte Rauterkus gegen den infernalischen Lärm an. „Los, zurück!"

Die Männer krabbelten aus ihren halb verschütteten Löchern und Gräben und flohen in den Schutz der Gebäude von Schmidt. Andere hatten das Signal nicht mitbekommen und starben in ihren Stellungen. Kugeln und Granaten rissen weitere Lücken in die Reihen der Landser. Wer getroffen wurde und wer es in Sicherheit schaffte, diktierte der Zufall.

„Sie ziehen sich zurück! Jetzt haben wir Sie!", rief Major Robert MacGraw begeistert aus. Der Bataillonskommandeur beugte sich, so weit es ging, über die Seitenpanzerung seines M3-Kommandofahrzeugs und verfolgte durchs Fernglas, wie die Deutschen zurückwichen. „Sie sind auf der Flucht!"

Die amerikanische Panzerspitze war jetzt nur noch zweihundert Yards von Schmidt entfernt und raste durch die sich öffnende Lücke in der deutschen Verteidigungslinie.

„Jeder verfügbare Mann soll sofort vorrücken!"

„Das könnte immer noch ein Hinterhalt sein, Sir", merkte einer seiner Stabsoffiziere an.

„Humbug!" fauchte MacGraw und funkelte seinen Stab zornig an. „Die Krauts geben Fersengeld! Und ich will verdammt sein, wenn ich die jetzt davonkommen lasse, damit sie sich später wieder sammeln können! Vorrücken!"

Schmidt war nur ein Preis, den der Divisionsgeneral unbedingt gewinnen wollte, und derjenige Kommandeur, der es ihm auf dem Silbertablett servierte, würde in seiner Gunst stehen. MacGraw beabsichtigte, dieser Mann zu sein.

Seinen Stabsoffizieren waren die Ambitionen ihres Vorgesetzten nicht verborgen geblieben. Manch einen plagten

Zweifel ob der gewagten Vorgehensweise MacGraws. Die Deutschen kämpften um jeden Klumpen Erde wie Wölfe, die ihre Jungen verteidigten, wichen nur zurück, wenn es sich nicht vermeiden ließ, nutzten jede Gelegenheit zum Gegenangriff, bluteten die angreifend alliierten Einheiten dadurch regelrecht aus. Zum Bewegungskrieg kam man nur durch kostspielige Frontalangriffe, die ein Loch in die gegnerischen Linien rissen – das war den Alliierten in der Normandie schließlich gelungen –, doch hier hatten die Wehrmacht und das unwegsame Gelände ein solches Vorgehen bisher verhindert. Die Deutschen kämpften zudem aus gut gesicherten Stellungen heraus und dezimierten jede Angriffswelle. Luftangriffe auf Ziele hinter der deutschen Linie schwächten zwar ihre Fronteinheiten, brachten jedoch immer noch nicht den gewünschten Erfolg. Verständlich, dass ein ehrgeiziger Mann wie MacGraw den Durchbruch erzwingen wollte. Die Deutschen waren schwer angeschlagen, irgendwo mussten ihre Linien schließlich nachgeben, also warum nicht hier? So leitete der Stab die Befehle weiter und die amerikanischen Truppen stürmten in die Lücke auf Schmidt zu.

First Lieutenant Miller und sein Zug waren unter den ersten Amerikanern, die in die Stadt eindrangen. Es herrschte Konfusion; für ein abgestimmtes Vorgehen war keine Zeit geblieben.

„Das ist eine ganz beschissene Idee, Lieutenant", brummte Sergeant Clark seinem Zugführer entgegen, während sie im Schutz einiger Panzer und Halbkettenfahrzeuge die ersten Gebäude passierten.

„Wir tun, was uns befohlen wird, Sergeant."

„Ja, Sir." Clark neigte den Kopf zur Seite und hörte trotz des Motorenlärms die deutschen Granaten heranheulen. Er zerrte Miller mit sich und sprang mit ihm in ein deutsches Schützenloch. Ein toter Kraut lag dort in seinem Blut, den Leib von Splittern aufgerissen.

Sie zogen den Kopf ein und schon krachte es ohrenbetäubend. Kleine Steine und Erde regneten auf Helme und Schultern nieder. Der Sergeant steckte den Schädel aus dem Loch und sah, dass drei Halbkettenfahrzeuge in Flammen standen. Ein Dutzend Männer war tot, viele weitere verwundet.

Sanitäter Burns kam sehr schnell nach vorne, ohne groß auf die feindlichen Granaten zu achten, die zahlreich vom Himmel herabfielen. Burns drehte sogleich einen GI auf den Rücken, um ihn zu versorgen.

„Oh, verdammt, Sir! Das ist Mitchum!", stieß Clark hervor und stemmte sich aus dem Loch heraus.

„Clark, verflucht!", schimpfte Miller und folgte seinem Sergeant, der zu besagtem Verwundeten hastete.

Eine neue Lage feindlicher Geschosse heulte heran.

„Pack mit an, Sarge!", forderte der Sanitäter. Gemeinsam zerrten sie Mitchum in ein halb zusammengebrochenes Gebäude. Es grollte und das baufällige Haus erzitterte unter den Einschlägen der deutschen Artillerie. Staub rieselte von den Wänden herab.

Mitchum hatte die Hände auf eine große Bauchwunde gepresst, das Blut sprudelte nur so zwischen seinen Fingern hervor und er stöhnte zum Erbarmen. Burns brauchte nur einen kurzen Blick auf die grässliche Wunde zu werfen, um zu sehen, dass er hier nicht mehr viel ausrichten konnte. Er verpasste Mitchum eine Morphiumspritze, um ihm wenigstens die schlimmsten Schmerzen zu nehmen.

„Sarge?" stöhnte Mitchum.

„Ganz ruhig bleiben, Junge, das wird schon wieder", versicherte Clark.

Mitchum erzitterte. „Sarge?"

„Was ist denn?"

Mitchum bemühte sich, weitere Worte zu formen, während das Leben immer schneller aus seinem verwüsteten Leib wich. Clark musste sich vorbeugen, um ihn zu verstehen.

„Warum?", flüsterte Mitchum.

Welche Antwort gab es auf diese Frage? Wie konnte ein Soldat sie überhaupt stellen?

Mitchum schien durch das zerstörte Dach in den wolkenverhangenen Himmel zu starren. Er hatte aufgehört zu atmen. Mit Daumen und Zeigefinger schloss Clark ihm die gebrochenen Augen. Tiefe Wehmut überkam ihn. Ihn verband wenig mit diesem Jungen, doch es kam ihm irgendwie ungerecht vor, dass der junge Private hatte sterben müssen.

„Wir müssen weiter, Sergeant", erinnerte ihn Miller leise.

„Ja, Sir. Ich komme schon."

Vier Landser feuerten unter Rauterkus' Kommando ihre Panzerfaust ab und erzielten drei Treffer gegen die amerikanischen Panzer, welche die Hauptstraße hinaufrollten. Von zwei Sherman regneten Funken, die Ketten kamen zum Stillstand, die Türme bewegten sich nicht mehr. Als eine Luke aufflog, sah Rauterkus blendend weiße Flammen herausspringen. Ein entflammter Panzerfahrer schlug auf seine Kleidung ein, während er vom Sherman rollte und schließlich auf der Straße liegen blieb.

Hinter den schwelenden Panzern tauchten bereits weitere Sherman auf.

„Alle in Deckung!", brüllte Rauterkus, indes ließ er sich fallen. Die MP40 prallte schmerzhaft gegen seine rechte Seite. Im nächsten Augenblick erschütterten mehrere Schüsse aus Panzerkanonen die Straße. Schrapnellsplitter schossen in das Haus, in welchem der Trupp des Unteroffiziers Schutz gesucht hatte. Trümmer fetzten durch Staub- und Rauchwolken, von den Wänden und der Decke rieselte Putz. In der Ferne tönte der schrille Schrei eines Verwundeten.

„Bleibt in Deckung!", brüllte Rauterkus gegen das Chaos an.

Granaten trafen die Backsteinmauer des Hauses. Der Boden erzitterte. Entsetzliche Schreie gellten durchs Haus. In Rauterkus' Rücken explodierten das Wohn- und das Esszimmer. Durch die Luft schießende Flammen hinterließen ernsthafte Brandwunden.

Rauterkus bekam keine Luft mehr. Er wusste nicht, ob er tot war oder noch lebte. Er rollte sich auf den Bauch und drückte den Oberkörper hoch.

Voß und Richards lagen stöhnend neben ihm. Sie schienen nicht verwundet zu sein, nur benommen. Zwei weitere Kameraden im Wohnzimmer hatten weniger Glück gehabt, ihr Körper war in Stücke gerissen worden. Draußen hämmerte ein MG42 pausenlos auf den Gegner ein.

Rauterkus stöhnte, während er sich am Fensterrahmen auf die Knie zog. Durch den schwelenden Rahmen hatte er geradezu einen perfekten Blick auf die Hölle, die sich um ihn herum aufgetan hatte.

Gerade 15 Meter entfernt kniete ein Ami und schoss mit seiner BAR die Straße hinunter. Der Unteroffizier legte die MP40 an die Schulter an und feuerte eine Salve ab, die den Gegner zu Boden riss. Doch der rappelte sich, völlig unerwartet, schwankend wieder hoch. Rauterkus musste ihn mit einer weiteren Salve endgültig niederstrecken.

Maschinenpistolen ratterten, Gewehre knallten. Die anderen überlebenden Verteidiger forderten jetzt den Preis ein, den die Amerikaner zahlen mussten, wenn sie diesen Straßenzug einnehmen wollten.

Richards rappelte sich auf und blickte kurz ins Wohnzimmer - er wünschte sich, er hätte es nicht getan. Er musste würgen, hätte sich um ein Haar übergeben. Er überwand sich, brach jeweils die untere Hälfte der Erkennungsmarke ab und nahm sie an sich.

Mittlerweile standen drei Panzer als brennende Wracks auf der Straße, an ihnen kam kein Fahrzeug mehr vorbei.

Dafür erschienen nun amerikanische Infanteristen auf der Straße. Immer wieder Deckung suchend, arbeiteten sie sich gruppenweise die Straße hoch. Sie passierten lichterloh brennende Sherman-Tanks, in denen Leichen brieten.

„Richards! Voß! Zurück! Los doch!"

Rauterkus hatte ein volles Magazin eingelegt und feuerte seine 32 Schuss ab, wechselte das verbrauchte Magazin aus und entleerte auch das neue in die Reihen der Angreifer. Unter seinem Feuerschutz konnten Richards und Voß ihre Waffe grapschen und durch die Küche hindurch zur Hintertür hinaus verschwinden.

Draußen pfiffen Hunderte Geschosse durch die Straßen und fanden immer wieder Ziele unter den Soldaten beider Seiten.

Während Rauterkus mit der MP40 feuerte, nahm er den gegnerischen Kugelhagel kaum mehr richtig wahr. Die feindlichen Projektile sausten durchs offene Fenster und schlugen hinter ihm in die Wand ein. Er krümmte sich über der automatischen Waffe zusammen, deren Lauf auf der Fensterbank auflag und immer wieder kurze Salven ausspuckte. Nachdem er seine restliche Munition verbraucht hatte und die Waffe wie ein heißer Teekessel tickte, ließ der Unteroffizier sie sinken und zückte stattdessen eine Eierhandgranate aus seinem Koppel. Doch noch bevor er den Stift ziehen konnte, sah Rauterkus, wie die Amis ihrerseits mehrere Granaten in seine Richtung schleuderten.

Oh Scheiße!, dachte der Unteroffizier und warf sich zur Seite. Die Wände, das Dach und der Garten blühten in feurigen Lichtblitzen auf und das Zimmer, aus dem sie so heftigen Widerstand geleistet hatten, stand auf einmal in Flammen.

Zeit zu verschwinden!

Rauterkus hastete zur Hintertür, wobei er sich wegen der schwelenden, querliegenden Holzbalken in der Küche tief bücken musste. Hinter ihm detonierte eine Panzergranate im Wohnzimmer. Die Druckwelle schleuderte ihn in den Garten hinterm Haus.

„Hier rüber!" schrie Richards und Voß winkte. Die beiden Gefreiten hockten am Ende des Grundstücks hinter der niedrigen Mauer und feuerte noch einige letzte Schüsse aus ihren Karabinern auf Haus und Straße. Von dort vernahmen sie englische Flüche und Schreie.

Rauterkus rannte, so schnell er konnte. Kugeln surrten ihm um die Ohren. Er hechtete über die Mauer und knallte der Länge nach in den Schneematsch. Seine Lunge brannte und er rang nach Luft. Schweiß perlte über sein verdrecktes Gesicht. Er ignorierte seinen schmerzenden Körper, zwang sich in die Höhe, lehnte den Rücken gegen die Mauer und versuchte, zu Atem zu kommen.

Richards jagte einen letzten Schuss hinaus, dann klickte sein Karabiner leer. Der Gefreite begann hektisch in seinen Munitionstaschen zu suchen.

„Oh, Mist", stöhnte er. „Hat noch jemand Munition?"

„Ich hab´ auch nichts mehr", antwortete Voß mit vor Anspannung heiserer Stimme.

„Scheiße! Jetzt machen die uns zur Sau!"

Rauterkus zog die erbeutete Colt-Pistole aus dem Holster. Jetzt konnte er sich wenigstens wehren.

Eine Kugel klatschte gegen die Mauer und sirrte als Abpraller davon.

Im oberen Stockwerk des halb zusammengefallenen Nachbarhauses belferte mit einem Male ein MG42 los und bestrich die Straße und die Vorderseite des Gebäudes, das den drei Landsern eben noch Deckung geboten hatte. Zwei Amis gingen jaulend zu Boden, die anderen suchten rasch Deckung.

„Das ist unsere Chance", stellte Rauterkus fest. „Los, zurück!"

Die drei Männer sprangen auf und rannte quer durch zwei angrenzende Gärten. Dort trafen sie auf ihren Kompanieführer, Oberleutnant Drechsler, der mit dem kümmerlichen Rest der 2. Kompanie bereits auf sie wartete.

„Sind das etwa alle Männer, Unteroffizier?" rief Drechsler über das Tackern des Maschinengewehrs.

„Das sind alle, Herr Oberleutnant."

Drechsler und Rauterkus wechselten einen betrübten Blick, dann nickten sie einander zu und trieben die Landser zum nächsten Sammelpunkt.

Hinter ihnen bellte das MG42 immer noch wütend, als würde die Waffe es persönlich nehmen, dass auch sie den amerikanischen Vormarsch nicht aufzuhalten vermochte.

Die Luft war erfüllt vom Heulen der Granaten und Zwitschern der unzähligen Kugeln, die quer durch Schmidt rasten. Ein amerikanisches Halbkettenfahrzeug stand quer auf der Straße, die Schnauze hatte sich in eines der verlassenen Häuser gegraben und so dessen Einsturz ausgelöst. Nun steckte der M3 in den Trümmern fest. Kugeln prasselten gegen die Seitenpanzerung, wurden abgelenkt und pfiffen in alle Richtungen davon.

Ein junger Soldat kauerte hinter dem M3. Er war kreidebleich im Gesicht, die Lippen bildeten nur noch einen dünnen Strich, die Augen waren angsterfüllt aufgerissen.

In Lieutenant Miller regte sich Mitleid für den jungen GI. Der erste Kampfeinsatz war selbst unter günstigen Umständen eine schreckliche Sache. Und hier waren die Umstände alles andere als günstig. Schmidt bildeten eine tödliche Falle; die schmalen Gassen mit ihren Gebäuden behinderten die Fahrzeuge und boten den Deutschen ein ausgezeichnetes Schussfeld. In den Häusern hockten Schützen mit Panzerfäusten und Maschinengewehren.

In der aufgerissenen Front einer Wirtschaft flackerte Mündungsfeuer auf und erneut ging ein metallischer Hagelschauer auf die Seitenwand des Halbkettenfahrzeugs nieder.

„Klingt wie eine verdammte Hitlersense“, schnaufte Sergeant Clark neben Miller.

Hitlersense. So nannten die GIs das deutsche MG42. Das verdammte Ding verschoss bis zu 1.500 Schuss in der Minute und war am typischen Rattern seiner Feuerstöße zu erkennen.

„Würde ich auch sagen, Sarge“, stimmte der Lieutenant zu. Er berührte den zitternden Jungen an der Schulter, der daraufhin erschrocken herumfuhr.

„Reichen Sie mir eine ihrer Granaten, Soldat.“

„J…ja, Sir“, stammelte der Private und übergab Miller eine seiner Granaten.

„Private Copeland?“

„Hier, Sir!“ Copeland, ein großer, stämmiger Bursche, trug das schwere BAR. Er bearbeitete ein paar Gramm Kautabak mit den Backenzähnen.

„Auf ›drei‹ gegeben Sie Sergeant Clark und mir Feuerschutz!“

„Verstanden, Sir.“

„Clark, bereit?“

„Bereit, Sir.“ Der Sergeant hielt schon eine eigene Granate in der Hand.

„Achtung, Copeland! Eins, zwei, drei. Jetzt!“

Copeland schoss mit seinem leichten MG aus der Hüfte, rings um die feindliche Stellung platzen Mörtel und Steinsplitter aus dem Gemäuer. Einige Kugeln durchschlugen die Wand, stanzten Löcher in sie hinein. Für eine Sekunde stockte das deutsche MG-Feuer.

„Granate!“

Miller und Clark holten aus und schleuderten die Granaten auf das MG-Nest. Eine fiel zu kurz und detonierte im Schutt knapp vor der Hauswand, die andere landete im Gebäude und ging hoch. Das MG42 verstummte.

Zeit, dir deine zusätzlichen fünf Dollar die Woche zu verdienen, Freddy, dachte Lieutenant Miller mit einem Anflug von Galgenhumor.

Es kostete eine unheimliche Überwindung, die sichere Deckung zu verlassen und sich dem feindlichen Beschuss auszusetzen. Jemand musste mit gutem Beispiel vorangehen und die Männer mitreißen. Miller überprüfte seine Thompson-Maschinenpistole, atmete einmal tief durch und rief dann: „Alles geht vor! Mir nach!"

Er sprang um das Heck des M3 herum und raste die Straße hinunter.

„Der Lieutenant ist völlig verrückt, Sarge", meinte Mellish.

„Klappe halten! Ihr habt den Lieutenant gehört! Los, Männer! Vorwärts!", trieb Clark die Männer an.

Copeland hatte ein frisches Magazin in seine BAR gerammt und stürmte Miller nach. Als nächstes folgten Wessen und Pellosi. Zäh wie Kaugummi lösten sich auch die anderen aus ihrer Deckung. Schüsse knallten, verfehlten Miller und auch Copeland, erwischten jedoch den vor Pellosi laufenden Wessen. Ein Geschoss durchschlug dessen Körper auf Brusthöhe und Pellosi sah, wie das Blut hinten herausspritzte, wie er hinschlug und reglos liegen blieb.

Miller erreichte das Gebäude, aus dem das MG42 gefeuert hatte. Er ging hinter dem Schutthaufen in Deckung, der mal die Vorderfront des Hauses gebildet hatte. Er konnte den Lauf des deutschen Maschinengewehrs sehen und ihm war, als würde sich jener Lauf wieder bewegen. Miller packte seine Thompson, hielt sie über den Kopf und entleerte das Magazin ins MG-Nest. Ein Schmerzenslaut erklang über das Trommeln der MP. Der Lieutenant legte die MP ab, zückte eine Granate, zog den Stift und schleuderte das todbringende Ei ins Innere des Gebäudes. Die Detonation erschütterte das ganze Haus.

Nun war auch Copeland da, feuerte wild ins Haus hinein und warf sich auf der anderen Seite des Schutthaufens zu Boden.

Pellosi landete schwer atmend neben ihm. „Wie kannst du mit dem schweren Schießprügel nur so schnell rennen?", stieß er keuchend hervor.

„Übung", gab Copeland knapp zurück und setzte ein frisches Magazin ein. „Hab´ in der Schule Football gespielt. Wo ist Wessen?"

„Den hat´s erwischt."

Copeland spie Kautabak aus. „Ah, verdammt, der schuldete noch zwei Dollar vom Pokern."

„Du bist ein Arsch, Copeland! Was hättest du gesagt, wenn die mich umgelegt hätten?"

„Die Krauts schießen doch gar nicht auf dich."

„Was soll das denn heißen?"

„Na, du bist doch Italiener. Die halten dich doch glatt für ihren Verbündeten."

„Ich bin Amerikaner!", rief Pellosi wütend und klopfte sich auf die Brust. „Also leck mich, Copeland!"

„Solche Angebote solltest du nicht an Leute richten, die größer und stärker sind als du, Kleiner."

„Seid ihr bald fertig mit dem Geschmuse?", rief Sergeant Clark, der sich neben Mellish und den Lieutenant in den Staub geworfen hatte. „Nehmt euch gefälligst ein Zimmer für so was!"

„Das wird nie passieren, Sarge!", gab Copeland zurück.

„Wir gehen rein!", kündigte Lieutenant Miller an.

Pellosi fischte nach dem Rosenkranz unter seinem Hemd und küsste ihn, dann packte er sein M1-Gewehr fester.

„Los!"

Die Männer sprangen auf, stiegen über den Schutt und drangen ins Gebäude ein. Vier Deutsche lagen am Boden. Große Blutlachen hatten sich um ihre Körper gebildet.

Copeland drehte einen der verkrümmt daliegenden Leiber mit der Stiefelspitze um, den Lauf der BAR hielt er auf den Kopf ausgerichtet. Bei dem Deutschen handelte es sich um einen jungen Burschen, nicht älter als er selbst. Seine leblosen Augen schienen Copeland vorwurfsvoll anzustarren.

„Scheißkerl", brummte der GI halblaut.

„Sichert das Gebäude", ordnete Miller an. „Seht nach, ob hier noch Krauts herumwuseln."

Oberleutnant Drechsler wischte sich mit dem Ärmel den Schweiß aus den Augen und verteilte damit den Dreck in seinem Gesicht nur noch mehr. Dann lauschte er auf die Geräusche des immer noch tobenden Kampfes in Schmidt.

Rauterkus zog ein sauberes Taschentuch hervor und hielt es dem Oberleutnant wortlos hin.

Drechsler nahm das Taschentuch an und bedankte sich mit einem knappen Nicken.

Sie hockten in einem halb mit Schnee gefüllten Graben, durch den ein jetzt völlig zugefrorener kleiner Bach verlief. Die äußersten Häuser von Schmidt schirmten sie für den Moment von den Amerikanern ab. Die wenigen Landser, die noch über Munition verfügten, kauerten oben am Rand des Grabens und sicherten diesen ab.

„Wir müssen uns zur dritten Linie zurückfallen lassen", meinte Drechsler nach einem Moment des Nachdenkens.

„Das fürchte ich auch, Herr Oberleutnant. Die Amis machen gehörig Druck. Man könnte meinen, sie wollten Schmidt wirklich haben", sagte Rauterkus sarkastisch.

Drechsler grinste schief. „Könnte man meinen."

„Ich bin dagegen!" Leutnant Oettinger trat an sie heran. Er hatte die Kämpfe bisher von seinem Beobachtungsposten im

Kirchturm aus verfolgt und war deswegen als einziger noch halbwegs sauber.

„Wir müssen die Amerikaner so schnell wie möglich wieder aus der Stadt werfen!", echauffierte sich der Leutnant. „Wir dürfen dem Feind nicht einem Meter Boden überlassen! Wir müssen sofort zum Gegenangriff antreten!"

„Die Männer haben den ganzen Tag gekämpft, sie sind erschöpft und haben keine Munition mehr. Zudem haben wir schwere Verluste zu beklagen", gab Rauterkus zu bedenken. „Wir müssen uns erst sammeln und neu aufstellen. Bis dahin wird es längst dunkel sein."

„Der Mut und die Tapferkeit des deutschen Soldaten sind ausreichend, um jeden Gegner zu bezwingen, selbst wenn er auf dem Papier um das Dreifache überlegen ist", intonierte Oettinger.

„Mut und Tapferkeit ersetzen aber keine fehlende Munition", gab Rauterkus spitz zurück. „Und mit bloßen Fäusten auf einen Sherman-Panzer einzuschlagen, halte ich nicht für besonders effektiv."

Oettinger lief vor Zorn rot an und ballte die Fäuste. Der Leutnant holte gerade tief Luft, um den Unteroffizier anzufahren, als Drechsler dazwischenging.

„Schluss jetzt! Wir sammeln uns an der dritten Verteidigungslinie und bereiten uns auf den Gegenangriff vor. Ich werde unser weiteres Vorgehen mit Major Stüttgen abstimmen. Leutnant Oettinger, sorgen Sie dafür, dass die Männer neu aufmunitionieren, etwas zu essen und eine Mütze voll Schlaf bekommen!"

Der Leutnant würgte seinen Ärger mühsam runter. „Jawohl, Herr Oberleutnant!", schnarrte er, stand dabei so stramm, dass er vor Anspannung erzitterte und grüßte mit ausgestrecktem Arm.

Dabei hatte er allerdings das Pech, auf einem völlig vereisten Teil des Bächleins zu stehen. Er glitt aus und landete mit rudernden Armen auf dem Hintern.

Die Männer, die hinter dem Leutnant und damit außerhalb seiner Sicht standen, grinsten hämisch über dieses Missgeschick.

„Seien Sie vorsichtig, Herr Leutnant", sagte Rauterkus trocken und hielt Oettinger die Hand hin. „Unter dem Schnee ist Eis."

„Danke, dass Sie mich darauf hinweisen, Unteroffizier", schnappte Oettinger und ignorierte die dargebotene Hand. Er rappelte sich auf und versuchte dabei, so gut es ging, seine Würde zu bewahren.

Drechsler musste sich in die Wange beißen, um nicht laut aufzulachen. Er ließ den Blick über die feixenden Männer wandern und funkelte sie böse an.

Die verstanden und setzten sich sofort in Bewegung.

„Rauterkus, einen Moment noch", sagte Drechsler und winkte den Unteroffizier zu sich heran. Der Oberleutnant wartete, bis die Männer weit genug entfernt waren, bevor er dem Unteroffizier bedeutete, ihnen zu folgen. Drechsler setzte sich ebenfalls in Bewegung.

„Sag mal, bist du noch zu retten?", wollte er sogleich wissen. „Dich in aller Öffentlichkeit mit Oettinger anzulegen!"

„Bei dem Kerl geht hier mittlerweile allen die Hutschnur hoch, das hast du doch gesehen", erwiderte Rauterkus. „Der faselt immerzu davon, wie schön und ehrenvoll es doch ist, für Führer und Vaterland zu sterben. Ganz so, wie er es auf der Napola gelernt hat. Das gilt natürlich nur, solange es nicht um seine eigene wertvolle Haut geht. Die ist ihm zu schade. Aber er hat keine Bedenken, eine Gruppe ohne jeglichen Feuerschutz gegen ein MG anrennen zu lassen. Die Kameraden sind alle draufgegangen!"

Drechsler dachte darüber nach, während sie Schmidt hinter sich ließen und sich in den noch von den Deutschen gehaltenen Teil von Nideggen begaben.

Oettinger war das Produkt einer Napola, einer Nationalpolitischen Lehranstalt, in der künftige Führungspersönlichkeiten für das Reich gedrillt wurden.

„Oettinger ist einer von den wahren Gläubigen", fuhr Rauterkus fort. „War sogar Hitlerjugendführer und ist ziemlich stolz drauf, weshalb er den ganzen HJ-Klimbim an der Brust trägt. Na ja, mehr Auszeichnungen hat er ja auch nicht vorzuweisen."

„Solche Leute hatten wir in Afrika nicht", brummte Drechsler. Trotz aller Erlebnisse schienen es besser Zeiten gewesen zu sein. In Nordafrika hatten sich Briten und Deutsche zwar auch mit aller Härte bekämpft, aber stets bemüht, Ehre und Anstand zu bewahren. Dieses war ihren damaligen Kommandeuren geschuldet, Rommel und Montgomery, beide auf ihre Art herausragende Persönlichkeiten.

„Halt dich trotzdem zurück, Karl", ermahnte Drechsler. „Oettinger hat dich auf dem Kieker."

„Weiß ich."

Überall in den verwüsteten Häusern saßen oder lagen Verwundete, die es im Zuge der jüngsten Kämpfe erwischt hatte. Man hatte noch nicht die Zeit gefunden, alle zurückzubringen. Manche stöhnten, andere wälzten sich vor Schmerzen hin und her, wieder andere litten stumm. Vielleicht waren sie auch schon gestorben. Der Anblick von all der Qual und dem Leid zerriss Drechsler fast das Herz. Er bemerkte, dass Rauterkus genauso fühlte.

Sie wandten sich ab, suchten den Kommandostand auf, der sich im Keller eines fast vollständig zerstörten Hauses befand. Leutnant Oettinger befand sich bereits vor Ort, er hielt einer Gruppe Landsern einen Vortrag.

„Sobald die neuen Wunderwaffen an die Front kommen, treiben wir die Angloamerikaner zurück ins Meer", verkündete er selbstbewusst.

Einigen der unfreiwilligen Zuhörer war anzusehen, was sie von derartigen Versprechen hielten.

Drechsler hob die Augenbrauen. Immer, wenn er glaubte, Oettinger habe die Grenzen des Möglichen bereits erreicht, packte der Leutnant noch eine Schippe obendrauf. Er wollte Rauterkus einen warnenden Blick zuwerfen, als er sah, dass dem Unteroffizier bereits der Kamm schwoll.

„Ach wirklich, Herr Leutnant?", fauchte Rauterkus. „Und wann sollen die Wunderwaffen kommen?"

„Das wird jetzt jeden Tag geschehen, Unteroffizier", sagte Oettinger von oben herab.

„Wird uns das auch hier in der Eifel helfen?"

„Wir werden die dekadenten Amis schon noch aufhalten", entgegnete Oettinger eine Spur zu hastig, „sobald unsere Fabriken die ausreichende Menge an Wunderwaffen hergestellt haben, werden wir sie mit Stumpf und Stiel erledigen."

„Na, dann bleibt nur zu hoffen, dass unsere Eierköpfe ihre Wunderwaffen nicht gleich bei den Amis abliefern müssen, die schon bald freundlich an die Werkstore klopfen werden", sagte Rauterkus mit beißendem Spott und löste so unter den Landsern ein allgemeines Grinsen aus, dass die Männer nur schwerlich zu verbergen vermochten.

Leutnant Oettingers Gesicht verfärbte sich zornrot.

„Eine sehr treffende Einschätzung, Herr Unteroffizier", ließ sich Major Stüttgen vernehmen und lächelte dünn. „Ich bin sicher, dass die Wunderwaffen noch rechtzeitig zum Einsatz kommen werden. Da stimmen Sie mir doch zu, Unteroffizier Rauterkus?"

„Selbstverständlich, Herr Major."

Stüttgen nickte. „Gut … Drechsler, Ihr mündlicher Bericht, wenn ich bitten darf."

„Sofort, Herr Major. Unteroffizier, kontrollieren Sie noch einmal die Posten. Nicht, dass wir Besuch von den Amis bekommen."

„Jawohl, Herr Oberleutnant." Rauterkus grüßte militärisch und machte sich dünne. Oettinger kniff die Augen zusammen und warf ihm einen bitterbösen Blick nach.

Drechsler folgte dem Major in den hinteren Teil des Kellers. Leere Munitionskisten bildeten erneut Tisch und Sitzgelegenheiten.

„Unteroffizier Rauterkus nimmt sich sehr viel heraus", meinte Stüttgen in ruhigem Tonfall. „Aber einem Veteranen mit seinen Auszeichnungen kann ich deswegen nicht sehr lange böse sein."

Stüttgens Blick streifte die Abzeichen, die Drechslers Brust zierten.

Rauterkus waren das Eiserne Kreuz 1. und 2. Klasse verliehen worden, ebenso die Nahkampfspange in Gold und noch weitere Auszeichnungen. Oberleutnant Drechsler trug die gleichen Abzeichen und zudem noch das Ritterkreuz. Auch Stüttgen trug eines am Hals, allerdings stammte seines aus dem letzten Krieg.

„Karl hatte schon immer eine große Klappe", entfuhr es Drechsler.

Der Major zeigte sich nachdenklich. Er setzte sich und deutete auf eine andere Munitionskiste. „Ich hatte irgendwie schon den Eindruck gewonnen, dass Sie einander bekannt sind."

„Schon von Kindheit an. Wir haben nur ein paar Häuser auseinander gewohnt und waren praktisch unzertrennlich."

„Lassen Sie mich raten: Er ist Ihnen zur Armee gefolgt, richtig?"

„Nein, anders herum wird ein Schuh draus. Ich bin ihm zur Armee gefolgt. Karl ist zwei Jahre älter als ich und war damals auf der Offiziersschule."

Stüttgen runzelte die Stirn. „Ach? Warum ist Rauterkus dann kein Offizier?"

Drechsler wand sich unbehaglich auf seinem „Stuhl". Die alten Schuldgefühle plagten ihn wieder.

„Wenn Sie nicht darüber sprechen wollen, verstehe ich das", sagte Stüttgen entgegenkommend. Er zog eine alte Pfeife hervor und stopfte sie.

„Das ist es nicht, Herr Major." Drechsler atmete tief durch. „Unsere Familie betreibt in unserer Heimatstadt die Dorfkneipe. Meine Schwester Sabine arbeitet auch dort. Wir waren uns alle sicher, dass sie und Karl eines Tages heiraten würden. Aber dann hat sich der örtliche Parteivorsitzende an sie herangemacht."

„Mir schwant Böses." Stüttgen zündete sich die Pfeife an.

„Ja, der Goldfasan hat sich wirklich daneben benommen. Als er meine Schwester angefasst hat, war ich schon drauf und dran, ihm eins auf die Nase zu geben, aber Karl hat mich zurückgehalten. Er hat den Parteibonzen freundschaftlich aufgefordert, die Hände von Sabine zu lassen. Der Goldfasan hat ihn nur ausgelacht und Sabine an die Brust gegriffen. Daraufhin hat Karl ihm den Kiefer gebrochen. Vor dem Ehrengericht haben sie es dann als Angriff auf die Partei gewertet."

Stüttgen stieß eine Qualmwolke aus. „War Ihr sogenannter Goldfasan in Uniform?"

„Sicher, aber das hatte nichts damit zu tun. Der Kerl war schon immer ein Arsch. Dieter Uhl heißt er und leitet eine kleinere Baufirma. Alle haben das Geschehen bestätigt, aber Sie kennen das ja, die Bonzen halten zusammen. Das war schon immer so und wird auch immer so bleiben."

Der Major ließ sich nicht anmerken, ob er Derartiges tatsächlich kannte.

„Jedenfalls haben sie Karl von der Offiziersschule geworfen und als einfachen Gefreiten eingezogen. Später landeten wir in der gleichen Einheit und wurden nach Afrika geschickt.

Dort wurden wir beide Ende 1942 bei einem Luftangriff verwundet und ausgeflogen. Nach der Genesung wurden wir in die Normandie verlegt, wo er mir gleich zweimal das Leben gerettet hat. Als ich dann erneut verwundet wurde, habe ich ihn aus den Augen verloren."

„Bis Sie ihn hier gefunden haben." Stüttgen nuckelte wieder an seiner Pfeife. „Die Wehrmacht ist dein Dorf! Und Rauterkus ist ein guter Mann. Ich wünschte, ich hätte mehr Männer wie ihn."

Die beiden Offiziere sahen einander kurz an und nickten sich zu.

Am nächsten Morgen

Unteroffizier Rauterkus hatte tatsächlich ganze fünf Stunden Schlaf erhaschen können. Man lernte rasch, sich über dergestalt kleine Annehmlichkeiten zu freuen. Nun ging er die Frontlinie ab und sprach mit den Soldaten, die gespannt auf einen Angriff der Amerikaner warteten. Rauterkus Blick fiel schließlich auf ihren letzten Trumpf, zwei *Acht-Achter*. Bis jetzt hatte die Flak noch nicht in die Kämpfe eingegriffen. Und der Feind würde mit Sicherheit große Augen machen, legten die Geschütze erst einmal los. Die Deutschen hatten gelernt, auf die überwältigende Feuerkraft der Flak 36 – *Acht-Acht* genannt – zu vertrauen. Mit diesem Geschütz ließen sich nicht nur Flugzeuge bekämpfen, auch gegen Bodenziele entfaltete es eine vernichtende Wirkung. Diese Erfahrung hatte eine Gruppe Flak-Artilleristen gemacht, als sie von Panzern angegriffen worden war und ihre Geschütze in der Not auf die Angreifer abgefeuert hatte – mit erstaunlicher Wirkung. Seitdem war die *Acht-Acht* überall zu finden, wo sich deutsche Soldaten aufhielten. Im Bereich von Drechslers 2. Kompanie beherrschten die beiden 88-Millimeter-Geschütze die Hauptstraße in beide Fahrtrichtungen.

Rauterkus setzte seine Runde fort. Wären die tiefhängenden, dunkelgrauen Schneewolken nicht, wäre es bereits einigermaßen hell.

Der Unteroffizier stutzte. Lauschte. Panzermotoren brüllten aus Richtung von Schmidt auf. Offenbar gingen die Amerikaner dieses Mal anders vor und verzichteten auf den vorbereitenden Artilleriebeschuss.

Rauterkus raste wie von der Tarantel gestochen los und erstattete Meldung: „Alarm! Die Amis kommen!"

„Mensch, man kommt nicht mal zum Essen!", schimpfte Voß und stopfte seine Stulle mampfend in seinen Brotbeutel.

Rauterkus hielt inne, als er merkte, dass das Bataillon zum Leben erwachte. Jeder konnte nun die feindlichen Panzer hören, die schier unaufhaltsam auf ihre Position zurollten.

Halblaute Rufe schwirrten durcheinander: „Nur ruhig Blut jetzt, wir haben unsere *Acht-Acht*, damit stoppen wir die Hunde!"

„Haben wir noch irgendwelche Minen?"

„Was willst 'n damit? Die nutzen uns jetzt auch
nichts mehr."

„Die Panzerfäuste verteilen, macht schon!"

Als die ersten beiden schlammverkrusteten Sherman-Panzer hintereinander die Dorfstraße heraufmangelten, wurde den hinter Hausmauern und in Kellernischen versteckten Landsern die Luft knapp. Todesangst ging um, drohte sie förmlich zu übermannen. Sie wagten es nicht einmal mehr zu husten, dabei wussten sie, dass die fünfköpfige Panzerbesatzung in ihrem Ungetüm aus Stahl nicht einmal lautes Schreien würden hören können, war sie doch eingehüllt in das Dröhnen des PS-starken Motors, und waren die Ohren verschlossen von unförmigen Kopfhörern. Trotzdem lähmte die Angst die in ihren Verstecken auf den richtigen Moment lauernden Deutschen. Zitternde Zeigefinger zuckten um die Abzüge herum.

Etwa 200 Meter vor einem teilweise zerschossenen Wohnhaus, in dem sich die vorderste Stellung der deutschen Verteidiger befand, hielt der die amerikanische Formation anführende Stahlkoloss an. Sein Turm mit der Kanone schwenkte suchend hin und her. Der nachfolgende Sherman rollte noch eine halbe Panzerlänge weiter, dann stoppte auch er. Wie viele Kampfwagen ihnen folgten, war nicht auszumachen, da die Straße hinter ihnen abknickte, aber dem Dröhnen und Rasseln nach zu urteilen musste es sich mindestens um drei handeln.

„Scheiße, warum haben wir nie eigene Panzer da, wenn der Gegner mit seinen Kästen losmacht?"

„Das wäre doch zu einfach, oder Richards?", entgegnete Voß.

„Die Rübe runter, sonst verliert ihr sie", zischte Rauterkus.

Sie harrten angespannt in den Trümmern der vordersten Stellung aus, abwartend, was nun geschehen würde.

Der Turm des ersten Sherman schwenkte langsam wieder herum. Hatte der Richtschütze ein Ziel ausgemacht, auf das zu feuern sich lohnte? Oder wollte der Kommandant sich nur umsehen, so gut es ihm die schmalen Sichtschlitze erlaubten?

Da peitschte mit einem Knall, der die Trommelfelle zu zerreißen drohte, schon die erste Granate aus dem Geschützrohr des Panzers. Sie fuhr wenigstens 20 Meter seitlich ihrer Stellung ins Erdreich. Schrapnellsplitter fegten über Rauterkus und seine Kameraden hinweg, Dreck und Steine regneten auf sie herab.

Einer der Neulinge, der ebenfalls in der Stellung kauerte, umklammerte seinen Oberschenkel und begann wie irre zu kreischen: „Ah! Mein Gott! Ich bin getroffen! Ahh!"

Rauterkus beugte sich zu dem Verwundeten vor und zog sein Messer aus dem Koppel. Die Augen des Grünschnabels weiteten sich, seine Schreie wurden zunehmend panisch. „Nein! Nein, bleibt weg!"

Richards presste den Verwundeten da bereits auf den Boden und fixierte gekonnt die Arme des um sich schlagenden Jungen, während Rauterkus die scharfe Spitze des Messers in die Wunde steckte. Der glühend heiße Granatsplitter musste aus dem Bein entfernt werden, bevor er sich in Muskeln und Knochen hineinfressen konnte. Die Klinge tauchte in das versengte Fleisch ein, dunkles Blut quoll unter dem Metall hervor. Rauterkus hebelte mit der Messerspitze, bis ein glühendes Metallstück aus dem blutroten See auftauchte. Der Verwundete brüllte wie am Spieß, brüllte sich die Seele aus dem Leib. Richards musste ordentlich Kraft aufwenden, um ihn zu bändigen. Rauterkus griff zu. Es gelang ihm, den Splitter zu entfernen, wobei er sich die Fingerspitzen an ihm verbrannte.

„Mist."

Lehmann, der Sanitäter, setzte dem Jungen eine Spritze, dessen Schreie ebbten langsam ab. „Ich mache das schon", sagte Lehmann und versorgte die Wunde.

Rauterkus nickte ihm zu und schnappte sich eine Panzerfaust.

Wenn nur nicht dieses zermürbende Brummen und Rasseln der gegnerischen Panzer wäre! Die Sherman erzielten mit ihrem Getöse eine erhebliche Wirkung auf die Verteidiger. Der furchtbare Lärm konnte einen Mann lähmen, ließ ihn zu einer Maus werden, die es nicht wagte, gegen einen Tiger anzutreten. Immer mehr Sherman fuhren die Straße herauf, gefolgt von Infanterie, die in ihrem Schutze vorrückte.

Die Abschüsse der *Acht-Achter* erklangen nahezu gleichzeitig. Zwei Sherman wurden getroffen. Ihre Treibstoff- oder Munitionsvorräte schien es erwischt zu haben, denn sie platzten in gewaltigen Explosionen auseinander.

Mehrere nachfolgende Panzer fuhren auf das Heck der Wracks auf, als deren Fahrer hektisch auf die Bremse traten.

Die Amerikaner erkannten sofort, womit sie es zu tun hatten. Die verheerende Wirkung der *Acht-Acht* war auch ihnen bekannt.

Erneut krachten die deutschen Geschütze. Einem Sherman wurde in einer feurigen Lohe der Geschützturm abgesprengt, dem nächsten die rechte Laufkette weggerissen. Umgehend drehte sich der getroffene Tank quer und blockierte so die Straße für die anderen Kampfwagen.

Rasselnd schossen die MG42 der Deutschen Sperrfeuer, um die amerikanischen Infanteristen festzunageln, die sich hinter den übriggeblieben Sherman zusammendrängten.

Ein weiterer Panzer blieb brennend liegen. Die Mannschaft stieg aus und rannte um ihr Leben. Aufspritzende Erdfontänen markierten ihren Weg. Einer der Panzermänner bog den Rücken durch, schien für einen Augenblick in den Himmel greifen zu wollen, und fiel dann hin.

Zwei weitere Sherman wurden auf der breiten Straße Opfer der *Acht-Achter*, dann setzte der erste Panzer zurück. Die anderen folgten ihm nach, zurück in den Schutz der Häuser von Schmidt.

„Gegenangriff!", ging ein Ruf durch die deutschen Stellungen. „Gegenangriff! Alles geht vor!"

„Scheiße", presste Voß zwischen den Zähnen hervor.

„Ihr habt es gehört", sagte Rauterkus und klopfe seinem Kameraden auf Schulter. Dann hob der Unteroffizier die Stimme: „Gegenangriff! Alles mir nach!"

„Oh Mann", stieß Richards aus, als er und Voß auf die Füße sprangen.

Mit aufgepflanztem Bajonett stürmten die Landser über die Straße, vorbei an lodernden Panzerwracks, die giftigen Qualm absonderten, und auf Schmidt zu, das vor einem Tag noch ihnen gehört hatte. Ein zerstörerischer Cocktail aus Angst und Wut beherrschte sie nun, was sich in wilden Hurra-Rufen bahnbrach. Sie mussten über Tote und schreiende

Verwundete hinwegspringen, um nach Schmidt zu gelangen. Amerikanische Sanitäter und sogar ein Militärgeistlicher, der den Todgeweihten mitten im Pulverdampf die Letzte Ölung zuteilwerden ließ, warfen den vorüberstürmenden Deutschen argwöhnische Blicke zu.

Der Gegenstoß erwischte die Amerikaner auf dem falschen Fuß. Am Rand von Schmidt brach Panik aus, als die US-Infanteristen die zurückrollenden Shermans irrtümlich für deutsche Panzer hielten. Drei Offiziere versuchten, die Situation wieder unter Kontrolle zu bekommen, als die erste Lage deutscher Granatwerfer mit ihrem charakteristischen Pfeifen herunterkam. Jeder mit genügend Kampferfahrung wusste, dass ihm nur noch ein, maximal zwei Sekunden blieben, um in Deckung zu gehen. Für einen Infanteristen gab es kaum etwas Schlimmeres als Mörserbeschuss. Zum einen war es frustrierend, von jemandem beschossen zu werden, der zu weit entfernt war, als dass man das Feuer hätte erwidern können. Zum anderen befiehlt einem der Überlebensinstinkt zu fliehen, wenn man wehrlos ist. Mit dem Mörserbeschuss hatte die Sache nur einen Haken: Wer davonzulaufen versuchte, wurde mit großer Wahrscheinlichkeit von glosenden Splittern durchsiebt, die jede krepierende Granate freisetzte und die mit irrer Geschwindigkeit durch die Gegend fetzten. Also blieb einem nichts anderes übrig, als die Zähne zusammenzubeißen und irgendwo Deckung zu suchen. Dabei musste man auf dem Bauch liegend umherkriechen, durfte sich unter keinen Umständen aufrecht bewegen. Dies lernten alle Soldaten schon in ihrer Grundausbildung. Doch vor allem die Neulinge unter den Amerikanern vergaßen in ihrer Panik diese lebenswichtige Lektion. Die Granatsplitter fällten ein Dutzend von ihnen. Einer der US-Offiziere feuerte mit seiner Pistole in die Luft, konnte die zurückflutenden Soldaten jedoch nicht stoppen. Erst im Zentrum von Schmidt gelang es den amerikanischen Befehlshabern, eine neue Verteidigungslinie aufzubauen.

Die Deutschen fluteten da bereits nach Schmidt hinein und besetzten einen großen Teil jener Stellungen, die sie am Vortag hatten räumen müssen. Nunmehr säumten mehrere Panzerwracks die Hauptstraße, in denen Brände knisterten.

„Das ist inakzeptabel, Captain!“, bellte Major MacGraw wütend. Sein Gesicht war vor Erregung puterrot angelaufen. „Die Männer sollen sofort wieder angreifen!“

„Wir müssen uns erst sammeln, Sir, und dann …“

„Ich habe Ihnen einen Befehl erteilt, Captain!“, fuhr MacGraw ihn an. „Sofortiger Gegenangriff! Los doch!“

„Ja, Sir.“

Wieder traf es Lieutenant Miller und seinen Zug.

„Wir übernehmen die Spitze“, sagte Miller zu seinen Männern. „Der III. Zug folgt uns. Mir nach!“

„Vorwärts!“, rief Sergeant Clark.

„So ein Wahnsinn“, keuchte Mellish.

„Tja, was willst du machen?“, gab Copeland zurück, der gemeinsam mit dem Funker und Pellosi, seinem neuen Munitionsträger, nach vorne hastete.

Sie arbeiteten sich von Deckung zu Deckung vor, immer geduckt und nach den Deutschen Ausschau haltend. Eine andere Gruppe überholte sie und setzte zum Sprung über einen Schutthaufen an, als heftiges MG-Feuer losbrach. Drei, vier, fünf Männer sackten gleichzeitig zusammen und kollerten den Schutt hinunter und auf die Straße. Ein GI schrie panisch und torkelte zurück, das Gesicht mit dem Blut seiner Kameraden bespritzt. Stielhandgranaten flogen über den Schutthaufen und landeten vor den Füßen der US-Soldaten.

„Granate!“, schrie Miller mit belegter Stimme und seine Männer warf sich zu Boden. Sie befanden sich zum Glück weit genug entfernt.

Drei Explosionen brachten die Wände der umliegenden Ruinen ins Schwanken.

„Gott!", stieß Mellish hervor, als er sah, was die Granaten mit den Kameraden der anderen Gruppe angestellt hatten. Sie waren tot, regelrecht aufgerissen, als wäre ein Rudel tollwütiger Hyänen über sie hergefallen.

„Das ist doch Irrsinn, Lieutenant!", schnaufte Clark, der neben Miller im Dreck lag. „Die Krauts schießen uns hier ab wie die Hasen!"

„Wir haben unsere Befehle, Sergeant. Der Major war sehr eindeutig. Er will diese gottverfluchte Stadt haben und wir werden sie ihm beschaffen."

„Klar, damit er vorm General gut dasteht!", mokierte sich Clark.

„Schluss damit, Sergeant!" Miller funkelte seinen Untergebenen an. „Befehl ist Befehl, oder wollen wir das ausdiskutieren?"

„Ja, Sir … ich meine … nein, Sir. Aber wir sollten den Jungs wenigstens Augenbinden anlegen, dann wäre es leichter für sie."

„Clark, es reicht!" Miller war sichtlich aufgebracht. Die Verluste trafen ihn nicht minder schwer als den Sergeant, im Gegenteil. Auch er hielt es für Irrsinn, wenn ein Offizier seine Männer für die Aussicht auf ein Lob des Generals und einen Orden ins Sperrfeuer hetzte. Aber nachdem MacGraw den Befehl erteilt hatte, wurde er zu Millers Befehl. Es stand ihm nicht zu, die Order zu hinterfragen, erst recht nicht vor seinen Untergebenen. So einfach war das beim Militär.

„Platz machen, runter von der Straße! Die Panzer übernehmen die Spitze!", ertönte es von hinten. Ein Maschinengewehr eröffnete das Feuer auf die deutsche Stellung, um die Krauts niederzuhalten.

„Schafft die armen Kerle hier weg!", befahl Miller gegen den Krach und deutete auf die gefallenen Kameraden. Es war eine widerwärtige Aufgabe, aber niemand wollte dafür verantwortlich sein, dass die Toten unter die Ketten eines Panzers gerieten. Miller fasste mit an, schleifte einen schlaffen, aber warmen Körper von der Straße. Er legte ihn neben einem Mauerrest ab, starrte auf seine blutverschmierten Hände.

Quietschend und rumpelnd rollten fünf Sherman-Panzer, aufgereiht wie an der Perlenkette, mit ordentlich Tempo an ihm vorbei. MacGraw machte mächtig Druck.

MG-Feuer prasselte auf die voranpreschenden Tanks ein, hinterließ aber keinen bleibenden Eindruck.

Pellosi schüttelte den Kopf. „In so einem Stahlkasten wollte ich nicht sitzen. Das sind doch Todesfallen!"

„Ach wirklich? Und wir Infanteristen sind besser dran, oder was?", wollte Copeland wissen. Er schob sich ein Stück Kautabak in den Mund.

Es krachte, ein fürchterlicher Schlag erschütterte den ganzen Straßenzug. Eine Flammenzunge leckte nach oben, gefolgt von fettem, schwarzem Rauch.

Pellosi befingerte wieder seinen Rosenkranz. „Ja, wirklich", japste er atemlos.

Die Deutschen hatten es sich im größtenteils zerstörten Schmidt noch nicht wieder einrichten können, da hörten sie die Panzermotoren, deren Grollen in der engen Straße noch verstärkt wurde. Der Boden erbebte unter den Landsern, Schutt tanzte umher. Staub und Mörtel lösten sich vom Mauerwerk und rieselten auf sie herunter. Furcht griff in ihre Herzen, schreckte selbst die unerfahrenen Kameraden unter ihnen jedoch nicht mehr so stark wie zuvor. Die Feuertaufe hatte für die meisten von ihnen den ersten Schritt auf dem Weg zum abgebrühten Veteranen bedeutet.

Hinter einem Mauerrest lag Oberleutnant Drechsler in Stellung. Bei ihm befanden sich die übrigen Männer einer Gruppe, die einmal 18 Nasen gezählt hatte. Lange war das her.

Nun waren nur noch Zöllner, Höffer, Schneider, Grabowski und Mühlstein übrig.

Unteroffizier Rauterkus hastete mit Richards und Voß über eine zusammengebrochene Hauswand und wäre seinem Kompanieführer fast auf die Füße gesprungen.

„Entschuldigung, Herr Oberleutnant", keuchte er.

Drechsler winkte ab. „Wie steht es bei euch mit Waffen und Munition? Wir haben hier noch vier Panzerfäuste und sieben Handgranaten."

„Wir haben zwei, und drei Granaten."

„Hoffen wir, dass das reicht." Drechsler gönnte sich den Luxus einer mehrere Sekunden andauernden Verschnaufpause. „Dann los, Männer! Rauterkus, Sie übernehmen die Führung!"

Der Unteroffizier nickte und arbeitete sich weiter durch die Trümmer in Richtung Feind. Für lange Erörterungen war keine Zeit. So kam es, dass ein Unteroffizier einen Trupp anführte, der aus einem Oberleutnant und acht Landsern bestand.

Die Gruppe erreichte eine gute Position für einen Hinterhalt; einen breiten Durchbruch in einer Hauswand, der direkt auf einen scharfen Straßenknick wies. Rauterkus warf sich auf die staubigen Dielen und robbte durch den Durchbruch ins Freie. Die eisige Kälte griff aus dem Untergrund nach ihm, berührte seinen aufgeheizten Leib, das ihn Schauerwellen durchfuhren.

„Da kommen die Tommykocher."

Drechsler war direkt hinter ihm. „Wenn wir den ersten knacken, hätten wir eine schöne Straßensperre."

„Besser noch: Wir lassen sie passieren, und erledigen dann den ersten und den letzten", meinte Rauterkus.

„Guter Vorschlag. So machen wir's."

Die Ketten des ersten Sherman zerbröckelten die Trümmer auf der Straße zu Staub, als der Kampfwagen über einen Trümmerhaufen hinwegwalzte. Seine Kanone senkte sich fast bis auf den schuttbedeckten Boden, als der Panzer den Scheitelpunkt des Hindernisses hinter sich ließ. Hinter ihm wuchtete sich der nächste Kampfwagen den Schuttberg herauf. Die Chrysler-Motoren dröhnten ohrenbetäubend.

Dann stoppte der erste Panzer unvermittelt und nahm ein 30 oder 40 Meter entfernt stehendes Haus unter Feuer. Hatte der amerikanische Panzerkommandant etwa eine unvorsichtige Bewegung eines Landsers erkannt, die den anderen entgangen war?

Das ohnehin schon stark beschädigte Wohnhaus benötigte nur die eine hochexplosive Sprenggranate aus der 75-Millimeter-Kanone, um endgültig in sich zusammenzustürzen und in Brand zu geraten.

Der Panzerkommandant, vielleicht etwas unbefriedigt von dem, was er hier erreicht hatte, ließ seinen Sherman weiterrollen und dabei eine weitere Sprenggranate in die Trümmer des Hauses hineinschießen. Rauterkus spürte, wie die Druckwelle des Abschusses über ihn hinwegfegte und ihn ordentlich zusammenstauchte. Für einen Augenblick glaubte er, sie hätte jeden Sauerstoff aus der Luft geblasen. Er versuchte zu atmen, doch seine Lunge füllte sich mit nichts Brauchbarem. Er hustete.

In diesem Augenblick schoss ein im Bug des Sherman untergebrachtes Maschinengewehr eine lange Garbe in die Trümmer eines anderen Hauses. Inzwischen passierte der fünfte und letzte Sherman den Durchbruch in der Wand.

„Achtung!", warnte Rauterkus, als er sich die Panzerfaust unter den rechten Arm klemmte und sie feuerbereit machte. Er spähte durch das Visier, sah die Kuppel des vorbeirollenden Tanks darin und drückte ab. Das Geschoss zischte davon, knallte gegen die Rückseite des Turms, während der erste Sherman noch immer wild in die Gegend schoss. Der Panzerfausttreffer brüllte durch das Dorf, gleich darauf umhüllte eine Wolke aus dichtem Rauch und Feuer den Turm des Sherman. Ein markerschütternder Schrei übertönte das Motorgeheul.

Da sauste auch schon der nächste Panzerfaustgefechtskopf in Richtung des vordersten Panzers, fuhr zwischen die Laufräder und traf die dünne Wanne. Sofort schossen Stichflammen aus den geöffneten Luken in die Höhe. Nicht ein einziger Mann bootete aus, die gesamte Besatzung wurde von jenem Purgatorium vertilgt, das im Inneren des Panzers herrschte.

Handgranaten flatterten im hohen Bogen gegen die drei verbliebenen Kampfwagen, gereichten zu Blitzen, richteten jedoch keine sichtbaren Schäden an.

Jäh klatschen zwei weitere Hohlladungsgeschosse gegen den stählernen Leib zweier Panzer.

Treffer in die Fahrerblende!

Der Sherman stoppte, nachdem er in eine Häuserruine gerollte war. Wie ein Kartenhaus stürzte das Gemäuer über ihm zusammen und begrub ihn unter sich. Der andere Gefechtskopf saß haargenau im Spalt zwischen Turm und Wanne des zweiten Panzers und erzielte einen Volltreffer. Das Fahrzeug begann von innen heraus zu beben und zu kochen. Dann brodelte es förmlich wie ein Kochtopf, der überzulaufen drohte, und als sich im Inneren Munition und Treibstoff entzündeten, wurde der Turm auf einer Stichflamme abgerissen und schoss gut fünf Meter in die Höhe, ehe er scheppernd aufs Kopfsteinpflaster krachte.

Der letzte Panzer feuerte mit seiner Hauptkanone und den MG wild um sich, ohne diejenigen zu treffen, die seinen Gefährten so übel mitgespielt hatten. Eine Panzerfaust zischelte wie eine giftige Schlange, verfehlte den Kampfwagen jedoch.

Oberleutnant Drechsler griff nach der letzten Panzerfaust, die Mühlstein mit sich trug. „Her damit! Das ist unsere Letzte. Ganz gleich, was der Kerl da noch veranstaltet, danach hau´n wir ab!“

Der Oberleutnant stellte sich hinter einen Mauervorsprung, zielte auf die Breitseite des Sherman und zog ab.

Schuss.

Treffer!

Laut wummerte die Detonation durch das Dorf. Der Panzer ruckte, blieb rauchend stehen, dann loderten Flammen aus sämtlichen Öffnungen. Zischend und knatternd ging die Munition hoch und zwang die Landser in Deckung.

„Sauberer Schuss, Herr Oberleutnant", sagte Voß bewundernd.

„Danke." Er räusperte sich, eine üble Erschöpfung versuchte ihn mit aller Gewalt lahmzulegen. Seine Oberarme schmerzten, das ständige Zittern ob der Kälte forderte seinen Tribut. „Das war gute Arbeit, Männer!", gab er einen Allgemeinplatz zum Besten. „Von allen."

„Herr Oberleutnant!", rief einer der Landser und deutete auf einen lodernden Sherman. Aus den Flammen tauchten wankend drei rußgeschwärzte Besatzungsmitglieder auf. Sie waren angesengt, einer der Männer wurde von seinen Kameraden buchstäblich aus den Flammen gezogen. Aus einem anderen Panzerwrack krabbelten zwei weitere Männer heraus. Sie torkelten wie betrunken von dem dampfenden Kampfwagen weg und warfen sich wie Kinder in den nächsten Schneehaufen.

Rauterkus sprang über die Trümmer, die MP40 im Anschlag, und stellte die bibbernden, verstörten Männer. „Hands up! Don´t move!"

Die Amerikaner hatten schwere Verbrennungen an Gesicht und Händen erlitten, einer war von Splittern getroffen worden. Benommen hoben einige von ihnen die Hände. Ein Panzerfahrer blickte nur kurz auf, während er versuchte, mit seinen verbrannten Fingern und einer schwarzgepuderten Mullbinde die Blutung seines Kameraden zu stoppen.

„Was machen wir denn jetzt mit denen?", fragte Voß, nachdem sie die Gefangenen in den Schutz jener Ruine gebracht hatten, aus der heraus sie zuvor die Sherman unter Feuer genommen hatten.

„Erschießen!", schnarrte eine harsche Stimme.

Die Landser zuckten zusammen und erblickten Leutnant Oettinger, der während des kurzen Kampfes durch Abwesenheit geglänzt hatte, und nun hinter den Resten einer Mauer auftauchte.

„Was?", fragte Richards perplex.

„Erschießen, sage ich!" Oettinger schüttelte die rechte Faust. „Dieses amerikanische Lumpenpack kennt auch keine Gnade, wenn es Bomben auf unsere Frauen und Kinder wirft! Das sind Mörder, allesamt!"

Einer der jüngeren Landser nickte zustimmend, die anderen schüttelten ablehnend den Kopf, während Drechsler mit offenem Mund dastand. Diesen Grad an Fanatismus hatte er Oettinger nicht zugetraut.

„Unteroffizier! Erschießen Sie diese Verbrecher!"

Rauterkus sah den Leutnant mit mahlenden Kiefern an, dann fiel sein Blick auf die Amerikaner, die ängstlich und erschöpft wirkten und womöglich noch nicht erfasst hatten, was im Gange war.

„Ich denk ja nicht dran!" Rauterkus senkte die Mündung der MP, bis sie auf den Boden zeigte. „Kommt überhaupt nicht in Frage!"

Oettinger lief vor Wut rot an. „Das war ein Befehl, Unteroffizier!"

„Aber es war nicht mein Befehl, Leutnant", hieb Drechsler dazwischen. Offene Verachtung troff aus seiner Stimme. „Unteroffizier Rauterkus!"

„Hier, Herr Oberleutnant!"

Drechsler durchbohrte Oettinger mit einem eisigen Blick, der den kältesten Nächten hier im Hürtgenwald in nichts nachstand. „Sehen Sie nach, ob die Verwundeten zu ihren eigenen Linien zurückkehren können."

„Zu Befehl, Herr Oberleutnant!"

Rauterkus setzte sich in Bewegung, während Oettinger nicht verbergen konnte, für wie ungeheuerlich er die Absicht hielt, die sein Kompanieführer soeben offenbart hatte. Dann verzog sich sein Gesicht zur entsetzlichen Götzenmaske. Drechsler wusste, dass er sich hier einen lebenslangen Todfeind geschaffen hatte. Noch mehr aber beunruhigte ihn seine eigene Reaktion auf diese Erkenntnis: *Scheiß drauf!*

Mehr und mehr Rauch stieg in den Himmel. Sie hörten das Knistern von Flammen und einige Sekundärexplosionen sowie lautstark deutsche Stimmen.

„Tja, offenbar war's das für die Panzer", kommentierte Copeland lakonisch. „Arme Schweine, die Jungs."

Pellosi küsste seinen Rosenkranz. „Ich hab's dir doch gesagt, Mann. Diese Dinger sind nichts weiter als Todesfallen."

Da ertönte mit einem Male eine Stimme: „He, Amerikaner!"

„Was soll das denn werden?", wunderte sich Mellish.

„He, Amerikaner!"

„Frag den Kraut, was er will, Mellish", sagte Clark zu dem Funker.

„Wenn ich muss …" Mellish hob die Stimme und rief auf Deutsch: „Was willst du, Kraut?"

„Wir haben hier fünf Verwundete von euch", antwortete der Deutsche in recht gutem Englisch. „Können wir sie zu euch rüberschicken?"

Mellish wechselte einen verwunderten Blick mit dem Sergeant, der wiederum Miller ansah. Der Lieutenant zuckte mit den Schultern, dann nickte er.

„In Ordnung, Kraut!", rief Clark hinüber. „Aber keine Tricks, verstanden?"

„Verstanden!" Ein Kopf mit dem typischen deutschen Stahlhelm darauf tauchte oben auf dem Schutthaufen auf, welcher die Krauts von den Amerikanern trennte. Der Deutsche winkte mit der Hand. „Wir schicken sie jetzt rüber. Helft ihnen, es hat sie schlimm erwischt."

Miller winkte und Clark stieg mit einigen seiner Männer den Schutthügel hinauf. Der Deutsche half einem mit Verbrennungen übersäten Panzermann vorsichtig, den Gipfel des Schuttbergs zu erklimmen. Die Amerikaner übernahmen die fünf Verwundeten, stützten sie und brachten sie rasch nach hinten.

Oben auf dem Schuttberg stand Clark den Deutschen Auge in Auge gegenüber. Wenn er sich korrekt an die gegnerischen Rangabzeichen erinnerte, war einer der Krauts ein Unteroffizier. Unter dem verschmutzen und bärtigen Gesicht lugte ein recht junger Kerl hervor, aber jung waren seine Soldaten auch alle. Blaue Augen musterten Clark intensiv und der Sergeant wusste nicht so recht, wie er auf diese Situation reagieren sollte.

„Why?", fragte er, einem Impuls folgend.

Der Deutsche zuckte nichtssagend mit den Schultern. „Why not?"

Sie betrachteten sich noch einige Sekunden lang, schätzten einander schweigend ab, dann nickte ihm der Kraut knapp zu. Clark erwiderte die Geste. Der Deutsche schenkte ihm ein schmales Lächeln, drehte sich um und stieg den Schutthaufen hinunter.

Clark machte kehrt, sah dem Deutschen jedoch noch einmal nachdenklich hinterher, ehe auch er zu Miller zurückkehrte.

„Hat der Bursche gesagt, warum sie unsere Leute haben laufen lassen?", wollte der Lieutenant wissen.

„Nein, Sir." Clark schüttelte den Kopf. „Ich weiß nicht, aber irgendetwas war komisch. Ich meine, wir haben schon in der

Normandie mit den Deutschen Verwundete ausgetauscht, aber das lief dann über offizielle Unterhändler."

„Ich erinnere mich." Miller dachte nach. Was das wohl zu bedeuten hatte?

„Es wurden schwere Anschuldigungen gegen Sie erhoben, Oberleutnant Drechsler", eröffnete Major Stüttgen. Drechsler und Rauterkus standen vor der zum Schreibtisch umfunktionierten Munitionskiste des Majors stramm. „Ein Offizier Ihrer Kompanie wirft Ihnen Hochverrat vor."

„Verzeihung, Herr Major, aber dürfte ich den Namen des betreffenden Offiziers erfahren?", fragte Drechsler ausgesucht höflich.

„Der Name des Offiziers ist in diesem Zusammenhang nicht relevant, Herr Oberleutnant", gab Stüttgen im gleichen Tonfall zurück.

„Ich verstehe, Herr Major."

Rauterkus biss sich in die Wange, um nicht zu grinsen. Die beiden Offiziere spielten genau nach Vorschrift und wie der Schreiber auf seinem Notizblock festhielt, war kein Name genannt worden. Alle wussten aber, dass es neben Drechsler nur noch einen weiteren Offizier in der Kompanie gab.

„Ich würde gerne hören, was Sie zu den Vorwürfen zu sagen haben, Herr Oberleutnant. Ist es zutreffend, dass Sie auf eigene Verantwortung Gefangene an die Amerikaner übergeben haben?"

„Dieser Teil ist zutreffend, Herr Major."

Stüttgen saugte am Mundstück seiner Pfeife. „Dazu hätte ich gerne eine ausführlichere Erklärung gehört, meine Herren."

„Zu dieser Entscheidung führten mehrere Faktoren. Zum einen wäre der Menschliche zu nennen, denn wir verfügten nicht über die Mittel, um den Verwundeten eine angemessene Versorgung zuteilwerden zu lassen. Ausschlaggebend für die Übergabe der Verwundeten war jedoch ausschließlich der militärische Faktor."

„Aha?" Stüttgen stieß eine kleine Rauchwolke aus. „Führen Sie das bitte näher aus."

„Die Versorgung von so schwer verwundeten Männern bindet eine erhebliche Menge an Truppen und Material des Gegners. Ich entschied, dass es den Feind mehr schwächen würde, ihm die Verwundeten zu überlassen, als es uns nutzen würde, sie in Gefangenschaft zu behalten."

„Ich verstehe." Stüttgen musterte Rauterkus. „Unteroffizier Rauterkus, stimmen Sie dieser Lageeinschätzung Ihres Vorgesetzten zu?"

„Jawohl, Herr Major."

„Ich verstehe", wiederholte Stüttgen, lehnte sich mit dem Rücken gegen die Kellerwand und dachte nach. Er nahm einen weiteren Zug aus seiner Pfeife und nickte dann. „Ich kann Ihre Beweggründe sehr gut nachvollziehen, meine Herren. Und es ist mir ehrlich gesagt unmöglich, so etwas wie Hochverrat in Handlungen zu sehen, die unsere Kriegsanstrengungen unterstützen und denen des Gegners schaden. Ich billige Ihre Handlungen im Nachhinein."

Peng!

Damit hatte Stüttgen den Vorwurf des Hochverrats abgewendet und gleichzeitig Oettinger kräftig was zwischen die Hörner gegeben.

„Ich bestehe jedoch darauf, dass Sie mich in einer ähnlichen Situation sofort informieren, damit solche Missverständnisse vermieden werden können", fuhr Stüttgen fort und sah die beiden Männer warnend an. „Verstanden, meine Herren?"

„Jawohl, Herr Major!", antworteten beide gleichzeitig.

„Wegtreten!"

Drechsler und Rauterkus grüßten militärisch und traten ab. Vor dem Gebäude reichte Rauterkus dem Oberleutnant eine Zigarette.

„Danke, Karl." Drechsler zündete die Kippe an, ehe er seinem Kameraden Feuer gab. „Du hattest recht mit deiner Einschätzung von Stüttgen."

Rauterkus sog den aromatischen US-Tabak ein und zuckte mit den Schultern. „Ich sagte doch, der Major ist von der alten Schule. Der Alte hat uns mehrfach vom inoffiziellen Weihnachtsfrieden 1914 erzählt. Trotzdem kann das immer noch ins Auge gehen. Oettingers Familie zählt zum neuen Hochadel, wenn du verstehst, was ich meine. Das lässt der nicht auf sich sitzen."

„Oettinger soll sich zum Teufel scheren!"

Rauterkus hob verwundert die Augenbrauen. Dieser Tonfall passte überhaupt nicht zu seinem Freund.

„Ich habe genug von Oettinger und Kerlen wie ihm", sagte Drechsler leise. „Du machst dir ja keine Vorstellung davon, was sie den Leuten in der Heimat für einen Blödsinn auftischen. Manchmal denke ich, dass uns mit den Soldaten der anderen Seite mehr verbindet als mit solchen Gestalten."

Rauterkus vermied es, sich vorsichtig umzusehen, senkte jedoch die Stimme. „Das ist jetzt aber wirklich nahe am Hochverrat, Jupp."

„Du meinst, ich liege falsch?"

„Das nicht gerade. Ich meine nur, du sollst aufpassen, was du von dir gibst … auch wenn's komisch klingt, wenn gerade ich das sage." Der Unteroffizier feixte schief. „Ich weiß, dass ich eine zu große Klappe habe, aber du hast dich bisher immer zurückgehalten."

„Vielleicht war das falsch. Ich habe diesen Krieg so satt, Karl. Das ewige Töten und getötet werden. Es kotzt mich alles nur noch an."

„Geht uns doch allen so."

Schweigend rauchte sie zu Ende und beobachteten, wie die letzten Lichtstrahlen der Sonne am westlichen Horizont versanken.

Einige Tage später

Der Morgen war zwar kalt, aber nicht so kalt, dass Sergeant Clark keine Feldübung mit den neu eingetroffenen Grünschnäbeln durchführen konnte. Dabei war natürlich höchste Vorsicht angeraten, denn in den unübersichtlichen Wäldern lauerten die verdammten Scharfschützen der Deutschen. Die US Army hatte bisher nur wenig Erfahrung mit Gefechten im Gebirge oder in Gräben gesammelt. Da waren die kampferprobten Krauts mit ihren vielen Kriegsjahren in allen vorstellbaren Gefilden auf dem Buckel klar im Vorteil. Dies musste Clark unumwunden zugeben. Aber die Amerikaner lernten schnell – notgedrungen.

Der Sergeant schritt im Schützengraben die Reihe seiner Männer ab. Der Veteranen machten einen resignierenden Eindruck. Dagegen wirkten die Grünschnäbel fast wie erstarrt. Sie reagierten viel zu langsam, wenn eine Artilleriegranaten heranpfiff. Das musste sich ändern, deshalb brauchten sie die Feldübung.

Der Sergeant stoppte neben einen Ersatzmann, der angespannt über den Rand des Grabens spähte.

„Zieh den Kopf ein, bevor dich ein Kraut sieht!"

Der Junge rutschte tiefer in den Graben. „Wo stecken denn die Deutschen, Sergeant?"

„Gar nicht weit weg! Bleib in Deckung, verstanden?"

„Ja, Sergeant."

Clark klopfte ihm aufmunternd auf die Schulter und ging weiter. Kaum war er um die nächste Grabenbiegung verschwunden, spähte der Junge wieder über den Rand.

„Bist wohl scharf darauf, es den verdammten Krauts zu zeigen, was?", wollte Copeland von dem Ersatzmann wissen und schob dabei den Tabak im Mund umher.

„Aber sicher!"

„Bullshit!", fuhr Copeland den Jungen an, der erschrocken zurückzuckte.

„Immer her mit den Deutschen … lasst mich an sie ran …!“, äffte der BAR-Schütze einige gefallene Kameraden nach. „Habe ich alles schon gehört!“ Copeland zischelte wie eine giftige Schlange. „Und was haben wir wohl als nächstes gehört? Sag´s ihm, Pellosi!“

Der italienischstämmige Private grinste bösartig. „Wie die kleinen Jungs nach ihrer Mutter gerufen haben, während ihnen die Eingeweide aus dem Bauch quollen.“

„So ist es!“ Copeland tippte dem schmalen Burschen mit seinem dicken Finger gegen die Brust. „Ich bin es leid, eure toten Ärsche vom Schlachtfeld zu schleifen. Also tu gefälligst, was der Sarge gesagt hat, und lass den Kopf unten, bevor er dir weggeschossen wird!“

Sichtlich eingeschüchtert hockte sich der Junge auf den Boden des Grabens.

„Das war ein wenig hart, oder?“, flüsterte Mellish unsicher.

„Er wird es überleben, dass ich seine Gefühle verletzt habe“, grummelte Copeland und spie einen Klumpen Tabak aus. „Immer noch besser, als eine Kugel in den Kopf zu bekommen. So wie bei … bei … wie hieß er noch gleich? Der lange Kerl mit den roten Haaren und den Sommersprossen …“

„Nash?“, fragte Pellosi.

„Hieß der so?“

„Glaube schon.“

„War auch ein Ersatzmann … wie du“, sagte Copeland zu dem Jungen, der den BAR-Schützen aus Augen groß wie Untertassen anstarrte. „Wollte immer ran die Deutschen. Hat es nicht mal geschafft, auch nur einen Kraut zu Gesicht zu bekommen. Ein Scharfschütze hat ihm vorher das Hirn rausgeblasen.“

Der Junge blickte zutiefst verunsichert auf die drei Veteranen, dann zum Grabenrand und wieder zu den anderen GIs.

Sein Nebenmann, der bisher kaum ein Wort gesagt hatte, zappelte unruhig hin und her.

„Was ist los? Musst du pissen, oder was?", fragte Copeland.

„Nein, ich …", begann er zögernd. „Darf ich eine Frage stellen?"

Der BAR-Schütze nickte.

„Wie … wie ist es denn so? Wenn man kämpfen muss, meine ich?"

Copeland schlug den Blick nieder. Seine Miene verdüsterte sich. Seit Tagen lebten er und die anderen Übriggebliebenen nur in der Gegenwart. Sie verdrängten alle Erinnerungen, alle Hoffnungen, Wünsche und Ängste. Sie versuchten es zumindest.

Wie sollte das schon sein, wenn man mit ansah, wie der Kumpel neben einem von einer Mine zerrissen wurde? Wie sollte es sein, wenn einem Freund, mit dem man eben noch geredet hatte, in der nächsten Sekunde das Gesicht zerplatzte? Der massige Copeland blickte in die beiden ängstlichen Gesichter, sagte aber nichts weiter.

Einige Minuten lang schwiegen sie, dann fing der zweite Junge wieder an zu zappeln. „Ich muss jetzt doch pissen. Wo ist die Latrine?"

„Die Latrine ist nur zum Scheißen da", informierte ihn Pellosi. „Pissen kannst du im Graben. Behalte aber den Kopf unten."

Der Junge nickte und ging einige Meter den Graben entlang. Etwas verlegen öffnete er seine Hose und urinierte gegen die Wand.

Ein feuchtes Klatschen erklang, daraufhin glitt der Junge von der Wand des Schützengrabens zu Boden. Die anderen duckten sich sofort, als ein fernes Grollen über sie hinwegrollte. Die Veteranen erkannten es sogleich als einen Schuss aus einem großkalibrigen Gewehr.

„Verfluchte Scheiße!", stieß Mellish hervor und sah zu dem Getroffenen rüber. Um dessen Gesundheit brauchte er sich keine Sorgen mehr machen – der Hinterkopf war aufgesprungen wie eine überreife Melone.

„Sheldon?", fragte der andere Neuling und registrierte erst jetzt, was passiert war. „O mein Gott! Sheldon! O Gott! O Gott!", wimmerte er.

Sergeant Clark drückte sich um die Biegung des Schützengrabens.

„Scheiße!", fluchte er, als er sah, was geschehen war. Er winkte Copeland und Pellosi zu sich.

„Ach, Mist", brummte der BAR-Schütze. Er zog der Leiche die Jacke über den Kopf und packte den Körper dann am Gurtzeug, während Pellosi die Stiefel anhob. Gemeinsam schleppten sie den Leichnam ins Verwundetensammelnest, wo offiziell der Tod des Ersatzmanns festgestellt und fein säuberlich in die Akten eingetragen werden würde.

Der andere Neuling hatte die Arme um sich geschlungen und wiegte den Oberkörper vor und zurück.

„Behaltet die Köpfe unten", ermahnte Sergeant Clark noch einmal mit scharfer Stimme.

Unteroffizier Rauterkus holte drei blutjunge Ersatzmänner beim Kommandoposten ab und führte sie zur Stellung seiner Gruppe. Die erfahrenen Landser sahen sie vorsichtig durch die Trümmer von Schmidt schleichen und lästerten schon mal drauf los.

„O Herr, sei gnädig. Wo haben sie die Jungs denn her? Die sehen aus, als sollten sie noch auf der Schulbank sitzen. Oder daheim bei Muttern am Tisch." Voß schüttelte ungläubig den Kopf.

„Tja, frisch aus der Grundausbildung", kommentierte Richards. „Wetten, dass die Jungs nicht mal eine Freundin gehabt haben?"

„Wohl kaum", meinte Zöllner trocken. „Die müssen sich ja noch nicht mal rasieren."

„Musstest du auch nicht, als du hier angekommen bist, Zöllner", erinnerte ihn Voß.

„Das ist doch ewig her."

„Gerade mal ein paar Wochen."

Zöllner runzelte die Stirn. Waren es wirklich erst ein paar Wochen? Es fühlte sich viel länger an. „Jedenfalls wirkt der Ältere, als hätten sie ihn in der Schreibstube geklaut. Wollen wir wetten?"

„Nee, mein Lieber, darauf wette ich nicht."

Rauterkus lotste die drei Ersatzmänner an den Wracks der amerikanischen Panzer vorbei.

„Was sind das für Zeichen?", wollte einer der Neuen wissen und deutete auf einige Kreidemarkierungen an den ausgebrannten Sherman.

„Das bedeutet, dass die Wracks überprüft worden sind", erklärte Rauterkus. „Und dass keine Gefahr mehr von ihnen ausgeht."

„Oh …"

Was auch immer der Junge sagen wollte, er verstummte, als ein Windstoß einen süßlichen Geruch in seine Nase trieb. Auch die andere Neuen bekam den Geruch ab. Sie wurden augenblicklich bleich.

„Mein Gott …", brachte einer hervor.

Erst jetzt schienen sie das ganze Ausmaß dessen zu begreifen, was sie vor sich sahen – dass jedes dieser Fahrzeuge zum feurigen Grab für seine Besatzung geworden war.

Der eine Junge beugte sich vor und übergab sich.

Die Veteranen sahen es.

„Tja, das ist was anderes als dass, was sie euch Zuhause über den Krieg erzählen", kommentierte Richards. „Willkommen in der hässlichen Wirklichkeit."

Der Unteroffizier reichte dem keuchenden Jungen einen sauberen Schneeklumpen. Der nahm ihn in den Mund, zerkaute ihn und spie dann aus.

„Genau wie bei mir", erinnerte sich Zöllner kopfschüttelnd. War er wirklich jemals so unbedarft gewesen? Den Kopf voller Geschichten über den Krieg, von Heldentaten für Führer, Volk und Vaterland? Ja. Ja, wahrscheinlich schon. So vieles hatte sich verändert, seit er an die Front gekommen war.

Rauterkus schickte die Neuankömmlinge in die verschneiten Trümmer des Wohnhauses, in das sich die Gruppe eingeigelt hatte.

„Leute, das sind Aschenbach, Kleve und Merkel", stellte der Unteroffizier vor. „Die drei da vorne sind Voß, Richards und Zöllner. „

Die drei Veteranen nickten kurz herüber.

Rauterkus deutete auf das MG-Nest, dass mit vier Mann besetzt war. Zwei Landser spähten aus der in die Mauer geschlagenen Schießscharte, einer von ihnen mit einem Fernglas. Das MG42 stand auf einer leeren Munitionskiste feuerbereit zwischen ihnen. Die beiden anderen Männer spielten Karten.

„Das sind Höffer, Schneider, Grabowski und Mühlstein."

„Mühlstein?", wiederholte Aschenbach. Er war derjenige, der sich übergeben hatte. „Ist das nicht ein jüdischer Name?"

„So ein Quatsch!" Rauterkus schüttelte missbilligend den Kopf, in den Gesichtern der anderen Veteranen zeigte sich Ärger. „Name ist Name!"

„Ich kann dich beruhigen, Kleiner", rief Mühlstein herüber und grinste breit. „Mein Stammbaum konnte bis ins 16. Jahrhundert zurückverfolgt werden. Wir sind alle arisch bis unter die Vorhaut."

Die Landser gaben ein raues Gelächter von sich. Aschenbach lief rot an.

„Was ist Aschenbach denn eigentlich für ein Name?", fragte Richards. „Wo kommst du her, Kleiner?"

„Aus Linz."

„Oh weh", murmelte Voß und wechselte einen Blick mit Zöllner, der nur mit den Schultern zuckte.

„Hört zu", sagte Rauterkus zu den drei Neuen. „Haltet euch an die erfahrenen Kameraden. Wenn sie in Deckung gehen, dann hat das einen guten Grund. Ihr geht also auch in Deckung. Bleibt in ihrer Nähe. Macht das, was sie machen."

Der Blick des Unteroffiziers streifte Höffer, der gerade hustete und dann einen Schleimklumpen in den Schnee spuckte.

„Aber legt euch nicht ihre schlechten Manieren zu."

Die Männer lachten wieder.

Etwas pfiff heran. Alarmiert sahen die Veteranen auf.

„Volle Deckung!"

Sie warfen sich sofort auf den Bauch. Fünfzig Meter entfernt krepierte eine amerikanische 105-Millimeter-Granate in den Baumwipfeln. Die Druckwelle versetzte ihnen einen heftigen Schlag. Es handelte sich nur um Störfeuer, das ungezielt ihre Stellungen bestrich, aber immer wieder für Verluste sorgte.

Rauterkus hob den Kopf, um sich davon zu überzeugen, dass alle in Deckung gegangen waren. Der einzige erhobene Helm gehörte Richards. Der Obergefreite nickte ihm zu. Rauterkus nickte zurück. Der Unteroffizier sprach jeden Mann der Gruppe einzeln an, um sich von dessen Unversehrtheit zu überzeugen.

So fand er den einzigen Leidtragenden des Beschusses.

Merkel, der älteste der Ersatzleute, starrte den Unteroffizier aus leeren Augen an. Rauterkus glaubte zunächst, der Mann sei nur vor Angst erstarrt.

„Merkel? Ist alles in Ordnung?" Rauterkus schüttelte ihn an der Schulter. „He! Rede mit mir, Mann!"

Der Landser reagierte nicht.

Rauterkus strich über seine Uniform und suchte nach Wunden.

„Was macht er da?", fragte Aschenbach.

„Er sucht nach Verletzungen", antwortete Zöllner.

„Ich kann nichts finden", sagte Rauterkus neben dem nun zitternden Merkel. „Voß! Hilf mir suchen!"

„Schon da!"

Gemeinsam drehten sie Merkel auf die Seite und tasteten den ganzen Körper ab. Das Gesicht des Landsers verlor immer mehr Farbe und sein Atem wurde flacher.

„Wo hat's ihn erwischt, verdammt noch mal?", fragte Voß gereizt und tastete Hüfte und Beine ab. Er besah seine Finger, doch da war kein Blut. Merkels Blick war mittlerweile glasig und seine Augen schienen ins Leere zu starren.

„Wo ist die Wunde?", rief Voß wütend.

Rauterkus hielt Merkel im Arm und nahm ihm den Stahlhelm ab. „Scheiße!"

An Merkels Schläfe war ein winziger Blutstropfen, kaum größer als ein Mückenstich. Der Mann verkrampfte sich und erschlaffte dann.

„Er atmet nicht mehr!"

Merkel gab ein letztes, gequältes Seufzen von sich, dann war es vorüber.

Rauterkus drückte ihm die Augen zu.

„Was zum Teufel ist mit ihm passiert?", platzte es aus Aschenbach entsetzt heraus.

„Ein Granatsplitter", antwortete Rauterkus. „Hat ihn genau unterm Helm getroffen und dann ..." Der Unteroffizier brach ab und ließ Merkel sanft in den Schnee sinken.

„Aber ... aber ... er kann doch nicht tot sein", stammelte Aschenbach.

„Er ist aber tot", versetzte Rauterkus schroff. „Nehmt ihm Munition und Ausrüstung ab und verteilt sie. Dann trag ihr zwei ihn nach hinten zum Lazarett."

„Wir beide?", fragte Aschenbach schockiert nach und deutete auf sich und Kleve.

„Ja. Ihr. Beide." Rauterkus zerbiss jede einzelne Silbe zwischen den Zähnen.

„Ja … jawohl, Herr Unteroffizier." Eingeschüchtert wollte Aschenbach grüßen, doch Rauterkus packte ihn am Arm und schob ihn zu Merkel. Sie nahmen dem Toten Waffe und Munition ab und reichten sie weiter. Dann hoben Aschenbach und Kleve mühsam den Körper auf und wankten mit ihrer schaurigen Last nach hinten.

Die Veteranen sahen ihnen nach, jeder in eigene Gedanken versunken.

Am nächsten Tag

„Da kommen sie wieder", sagte Oberleutnant Drechsler zu dem neben ihm stehenden Unteroffizier Rauterkus.

„Und ich hatte gehofft, die wären einfach nach Hause gegangen."

„Leider nicht."

Die amerikanischen Pioniere hatten die Bäume seitlich der schmalen Waldwege mit Sprengstoff gefällt und so eine breitere Trasse für die Panzerfahrzeuge geschaffen. Über diese rückten nun gut 20 Sherman und mehr als 30 Halbkettenfahrzeuge gegen die deutschen Stellungen in Schmidt vor. Beim Anblick der auf sie zu rollenden gepanzerten Armada überkam die Männer doch so etwas wie Muffensausen.

„Wo ist denn Leutnant Oettinger?", fragte Voß hämisch.

Richards ließ ein amüsiertes Glucksen hören. „Der sitzt wie immer im Kirchturm und hält Maulaffen … ich meine, er leitet das Feuer der Granatwerfer", korrigierte er sich schnell, als er den Blick des Unteroffiziers auf sich spürte.

„Das ist auch wichtig." Voß grinste Richards an, der ihm in die Rippen stieß.

„Klappe halten", befahl Drechsler.

„Jawohl, Herr Oberleutnant."

Die Sherman feuerten die erste Salve ab. Granaten zerrissen die Luft.

„Deckung!"

Doch die Geschosse aus den 75-Millimeter-Kanonen heulten über die geduckten Landser hinweg, sprengten drei ohnehin schon halb zerstörte Häuser in gewaltigen Eruptionen aus Feuer und Steinen auseinander. Ein dicker Holzbalken wirbelte durch die Luft und knallte nahezu senkrecht ins Dach einer Scheune, woraufhin diese zusammenbrach. Wolken aus Staub trieben umher, schränkten die Sicht der Deutschen für einige Sekunden ein. Die Amerikaner nutzten diese Ablenkung und kamen näher heran. Als sich ihre Spitzen auf 400 Meter genähert hatten, ertönte der Befehl: „Feuer frei!"

Ein Dutzend schwere Maschinengewehre und die beiden in den Trümmern verborgenen *Acht-Achter* eröffneten den tödlichen Reigen.

„Vorwärts, Jungs! Vorwärts!", feuerte Major MacGraw seine Männer an, als diese erneut gegen Schmidt vorstürmten. Überall in den Ruinen flackerte Mündungsfeuer auf, deutsche Maschinengewehrschützen nahmen die GIs unter mörderisches Sperrfeuer.

Verzweifelt suchten sie Männer hinter den Panzern Schutz, doch die MG packten sie immer wieder von den Seiten. Die deutschen Schützen hielten reichhaltige Ernte unter den Amerikanern. Dutzende Soldaten wälzten sich vor Schmerzen im Schnee und schrien nach Hilfe. Ein Sherman wurde getroffen – wahrscheinlich von einer *Acht-Acht*, wie MacGraw einschätze – und verschwand in einer Wolke aus Feuer, schwarzem Rauch und Metallteilen.

Der Major hieb mit der Faust auf die Sandsäcke vor ihm. „Fordern Sie Artillerie an! Die Ari soll die feindlichen Stellungen weichklopfen!"

„Unsere Männer befinden sich bereits ganz nah an den deutschen Stellungen", warf einer der Stabsoffiziere ein. „Wir riskieren es, die eigenen Leute zu treffen, Sir."

„Wir befinden uns im Krieg, Captain", beschied ihm MacGraw knapp. „Und im Krieg muss man Risiken eingehen. Also los jetzt!"

„Jawohl, Sir."

Eine 88-Millimeter-Granate erwischte einen Sherman am Heck. Der Motorraum flog auseinander. Im nächsten Moment quoll Rauch aus dem geöffneten Turmluk. Dann tauchte im Qualmschleier ein Mann auf, zog sich hoch, ließ sich fallen, kollerte herunter und wälzte sich am Boden, um seine brennende Hose zu löschen. Er strampelte verzweifelt im Schnee. Die Flammen erloschen, der Mann krabbelte benommen hinter den rauchenden Panzer.

Die anderen Kampfwagen schossen mit ihren koaxialen und im Bug montierten Maschinengewehren auf die Deutschen. Die an den Trümmern abprallenden Geschosse heulten und jaulten, sie zwitscherten als Querschläger umher.

Die Landser lagen so, wie es Infanteristen gewohnt waren: mit der Nase im Dreck, die Hände im Untergrund verkrallt. Sie machten sich klein, wagten nicht, den Kopf zu heben, warteten auf ihre Chance. Aber einen ereilte das Pech. Zöllner stieß einen leisen Ruf aus und umklammerte seinen rechten Unterarm, wo ihm ein Querschläger eine fingerbreite, blutige Furche ins Fleisch geschlagen hatte. „Mist, verdammter ...", knirschte er und schickte eine Reihe nicht zitierfähige Flüche hinterher.

Lehmann, der Sanitäter, kroch zu ihm, während das Dauerfeuer des Gegners die Ränder der Deckungslöcher und Gräben zerspringen ließ.

„Ist es schlimm?", fragte Lehmann.

„Ach wo. Hat gerade mal die Haut aufgeritzt."

„Lass mal sehen. Keine Bange, mein Guter. Das ist im Handumdrehen wieder verheilt."

Die Panzer erreichten den Rand von Schmidt, walzten Trümmer und Barrikaden nieder und drangen erneut in den Ort ein.

Zöllner spürte, wie die Kolosse aus Stahl an ihm vorbeirollten. Der steinhart gefrorene Untergrund vibrierte. Keine zehn Schritte von ihm entfernt schlug eine Granate in den Wall des Schützengrabens. Splitter fauchten winselnd durch die Luft, einige trafen Schneider in die rechte Wade und den Oberschenkel. Dann wurde er von einem Schauer aus Erde und Steinsplittern überschüttet. Stöhnend rutschte er an der Wand des Schützengrabens runter und sah auf sein rechtes Bein. Die Wunden waren auf den ersten Blick nicht lebensgefährlich, aber sie schmerzten höllisch.

„Schneider hat's erwischt!", rief Grabowski. „Sanitäter!"

„Komme!" Lehmann hastete rüber, um sich um den Verwundeten zu kümmern. Der Boden um ihn herum begann zu zittern, das Gedröhn eines weiteren Panzermotors kam rasend schnell näher. Der Sanitäter kauerte sich nieder, um Schneider mit seinem eigenen Körper vor den Erdbrocken zu schützen, die sich vom Grabenrand lösten.

Doch dann wurde ihm klar, dass der Panzer einfach über den Graben rollen und sie begraben wollte. Immer noch peitschten Geschosse über sie hinweg.

„Lehmann! Schneider! Weg da!"

Würde Lehmann aufspringen, er wäre wohl durchsiebt, noch ehe er drei Schritte getan hätte. Doch der Sanitäter konnte seinen verwundeten Kameraden nicht im Stich lassen. Es blieb keine Zeit mehr, der Umriss des Shermans tauchte an der Kante des Schützengrabens auf …

Keine zwanzig Schritte rechts davon hockten hinter dem Wrack eines vor Tagen abgeschossenen Kampfwagens Rauterkus und Voß. Genau vor ihnen mangelte der Sherman auf das Loch von Schneider zu, drehte sich über ihm und Lehmann, wollte wie ein tobendes Untier die Kameraden bei lebendigem Leib zermahlen.

Voß und Rauterkus verfügten jeweils über eine der wenigen verblieben Panzerfäuste.

„Tief auf die Kette halten", wies Rauterkus an.

„Verstanden."

„Achtung … los!"

Die beiden Männer sprangen hinter dem Wrack hervor und feuerten ihre Hohlladungsgeschosse aus der Hüfte ab. An der rechten Seite des Shermans blühten Explosionen auf, die Kette flog auseinander. Das Ungetüm stoppte.

In diesem Moment begann das Bug-MG eines in zweiter Reihe fahrenden Panzers Feuer zu spucken. Die Einschläge lagen zunächst direkt auf dem ersten Sherman, sirrten als Querschläger davon und jagten dann zum Panzerwrack herüber, dass Voß und Rauterkus bis dato als Deckung gedient hatte.

Der Unteroffizier warf sich nach vorne, tauchte hinter dem abgeschossenen Sherman ab. Voß hatte weniger Glück. Ein Geschoss durchschlug seinen linken Oberschenkel und der Obergefreite stürzte kopfüber in den Schnee. Sogleich schrie er vor Schmerzen, da packte ihn die Hand von Rauterkus am Gurtzeug und zerrte ihn in Deckung.

Soviel sah Oberleutnant Drechsler gerade noch, bevor aus dem Turmluk des nächsten Sherman eine Stichflamme zischelte. Mit einem fürchterlichen Tosen, das an einen grollenden Vulkan erinnerte, schoss eine Flammenzunge in die Höhe und riss dem Panzer den Turm ab. Die Hitze der Explosion fegte über Drechsler hinweg. Die *Acht-Achter* hatten den nächsten Volltreffer erzielt.

Der Oberleutnant klopfte sich den Schnee vom Waffenrock, schüttelte sich wie ein Hund und rieb sich die Ohren, in denen ein Fiepen tönte. Daraufhin versuchte er, sich einen Überblick über das Gefecht zu verschaffen, das in seinem Frontabschnitt tobte.

Ihm stockte der Atem.

Welle um Welle und ungeachtet ihrer Verluste rannten die Amerikaner gegen seine Linien an.

Unaufhaltsam.

Es waren einfach zu viele.

„Zurück zur zweiten Linie! Zurück zur zweiten Linie!"

„Los, los, los!", rief Sergeant Clark, während die Männer seiner Gruppe in die gerade von den Deutschen aufgegeben Stellungen einrückten.

Mellish landete neben ihm im Graben und trat auf etwas Weiches. Er sah hinunter und starrte auf blutige Fleischfetzen. Anhand der Ausrüstung erkannte er, dass ein Deutscher in diesem Schützenloch zerrissen worden war.

Gott, warum passiert das ausgerechnet mir?, dachte er für sich.

Maschinengewehre tackerten, bestrichen jede freie Stelle zwischen den Trümmern und rissen Löcher in den Boden. Zwischen fünf GIs wurden Eis und Steine empor geschleudert, zwei Männer fielen und regten sich nicht mehr. Eine deutsche Mörsergranate ging hinter Mellish und dem Sergeant hoch. Dreck regnete auf sie nieder.

Dann waren Schreie zu hören: „Sanitäter! Sanitäter! Hierher, verdammt noch mal!"

Clark hob vorsichtig den Kopf und blickte in die Trümmerwüste. Aus einem Loch in der Hauswand gegenüber flackerte das typische Mündungsfeuer eines deutschen MG42 auf.

7,92-Millimeter-Geschosse fegten über den eingenommenen Graben hinweg, zerfetzten die Sandsäcke an den Rändern und zwangen den Sergeant in Deckung.

„Granaten! Damit knacken wir das verdammte MG!"

„Wie Sie meinen, Sarge."

Mellish und er holten Handgranaten hervor, zogen den Stift und warfen sie im hohen Bogen auf die MG-Stellungen. Eine landete im Ziel und ein deutscher Ruf ertönte. Dann explodierte die Granate und das MG verstummte.

Hinter ihnen erhielt ein Sherman einen Treffer von einer *Acht-Acht*. Der Panzer verschwand in einer Feuerwolke. Als diese sich verzog, starrten die beiden Männer auf den turmlosen Stahltorso, aus dem die Lohen meterhoch gen Himmel schlugen.

„Mellish!", ertönte die Stimme von Lieutenant Miller durch das Tosen.

„Hier, Sir!"

„Meldung an die Panzer! Die sollen sich zurückziehen! Die Dinger sind hier keinen Pfifferling wert!"

„Gebe ich sofort durch, Lieutenant!"

Der Funker setzte die Meldung ab. Der Panzerfahrer am anderen Ende der Verbindung war hörbar erleichtert darüber, dass er diesen Hexenkessel verlassen durfte. Mehr als die Hälfte der beteiligten Shermans stand inzwischen als brennende Schrotthaufen auf dem Schlachtfeld. Die Panzer sammelten sich außerhalb von Schmidt und unterstützten die Infanterie so gut es ging mit Feuer aus ihrer Kanone und den Maschinengewehren. Wegen der vielen Trümmer konnten sie jedoch kaum etwas ausrichten.

„Wir gehen vor!", rief Miller. „Alles geht vor!"

„Alles geht vor!", wiederholte Sergeant Clark. „Los doch, Mellish!"

„Komme schon, Sarge!"

Der Funker kraxelte aus dem Graben und eilte seiner Gruppe nach. Im Zickzack hastete er über die Trümmer. Ein weiteres MG rasselte los, Kugel schlugen um ihn herum ein.

„Ah, Scheiße! Scheiße! Scheiße!", fluchte der Funker und änderte abrupt die Richtung. Dadurch rannte er zwar in eine andere Gasse als seine Kameraden, aber die Leuchtspurgeschosse verfehlten ihn. Mit dumpfen Lauten bohrten sie sich in die Wände der umstehenden Ruinen. Bevor die Schützen ihre Waffe neu ausrichten konnten, erreichte Mellish die Trümmer eines Wohnhauses und war in Sicherheit. Der Funker wäre vor Erleichterung am liebsten in lauten Jubel ausgebrochen.

„Ich lebe noch. Ich lebe noch", säuselte er vor sich hin.

Er atmete mehrmals tief durch und sah sich um. Von seiner Gruppe war niemand zu entdecken. Er war allein.

„Nicht gut", sagte sich Mellish, der zu Selbstgesprächen neigte. „Gar nicht gut."

Etwas pfiff heran. Der Funker war so abgelenkt gewesen, dass er die verdammte Granate nicht früher hatte kommen hören. Hinter ihm blühte eine Explosion auf und er spürte, wie etwas Scharfkantiges in seinen Körper eindrang. Sogleich wurde Mellish von der Druckwelle gegen die Wand geschmettert. Es wurde dunkel um ihn.

Oben im Kirchturm verfolgte Leutnant Oettinger, wie die Amerikaner trotz aller Verluste die erste Abwehrlinie einnahmen. Die deutschen Truppen zogen sich zur zweiten Linie zurück. Oettinger setzte das Fernglas ab und wandte sich an den Gefreiten, der an den Feldtelefonen hockte.

„Meldung an die Granatwerfer: Sperrfeuer auf den westlichen Ortseingang legen! Schnell!", befahl Oettinger.

„Jawohl, Herr Leutnant! Sperrfeuer auf den westlichen Ortseingang", wiederholte der Gefreite und hielt sich schon den Hörer ans Ohr.

Oettinger grunzte und sah wieder durch das Fernglas. Seit Major Stüttgen den Vorwurf des Hochverrats gegen Drechsler und Rauterkus abgeschmettert hatte, bewegte sich der Leutnant nur noch auf Zehenspitzen. Weiteren Unmut wollte er nicht erregen. Zumindest noch nicht. Er würde auf seine Chance warten. Und die würde schon noch kommen. Diese eingebildeten und so sehr von sich überzeugten Kerle würden schon noch erfahren, dass es auch anders herum gehen konnte! Irgendjemand würde ihm schon zuhören und ernst nehmen, was er zu sagen hatte. Gut möglich, dass dann auch Stüttgen über die Klinge springen würde. Vielleicht aber täten Oettinger die Amis auch den Gefallen und würden die ganze Angelegenheit in seinem Sinne regeln.

Der Leutnant tat dieses rabenschwarze Gedankenspiel mit einem innerlichen Schulterzucken ab und observierte weiter den Ortseingang von Schmidt durchs Fernglas. Am Stadtrand sammelte sich ein gutes Dutzend feindlicher Kampfwagen. Von dort konnten sie jedoch nicht viel gegen die Kameraden ausrichten, die sich in den Trümmern verschanzt hatten.

Dumme Amerikaner.

Oettinger sah, wie sich der Turm von drei Sherman drehte. Er runzelte die Stirn.

Worauf zielen die nur …?

Ein eisiger Schrecken durchfuhr ihn, als sich die Geschützrohre steil nach oben reckten. Und genau auf den Kirchturm zielten.

Genau auf ihn.

Offenbar hatten einer der Panzerkommandanten entweder ihn oder die Lichtreflexe von seinem Fernglas entdeckt und entschieden, den feindlichen Beobachter auszuschalten. Diese Erkenntnis lähmte Oettinger für die Dauer eines Herzschlags.

„Nicht …", stieß er noch hervor, dann war alles vorbei.

Die Donnerschläge aus den Panzerkanonen erschütterten das Dorf. Der Kirchturm flog in einer gewaltigen Eruption aus Feuer und Staub auseinander. Die Spitze sackte zur Seite weg und krachte mit einem Paukenschlag auf die Straße. Für Sekunden war ganz Schmidt von einer riesigen Wolke aus Dreck und Schutt eingehüllt.

„Mellish!", rief Lieutenant Miller, als immer mehr Artilleriegranaten auf Schmidt herniederregneten. „Das ist unsere eigene verdammte Ari, die uns hier in den Boden hämmert! Die sollen bloß das Feuer einstellen! Mellish? Wo zum Teufel ist Mellish?"

„Keine Ahnung, Sir. Gerade eben war er noch neben mir", brüllte Sergeant Clark im Getöse des Dauerfeuers.

Eine Druckwelle fegte durch die Gasse und presste die Männer zu Boden.

„Verfluchte Scheiße!", stieß Copeland hervor. „Was war das denn?"

„Jemand hat den Kirchturm platt gemacht!", rief Burns zurück und wischte sich den Dreck aus den Augen. „He, da drüben!"

Der Sanitäter deutete auf eine Seitengasse.

„Was ist da?", wollte Clark wissen.

„Da ist Mellish! Scheiße, zwei Deutsche sind bei ihm! Sie nehmen ihn mit!"

Tatsächlich! Zwei feldgraue Gestalten hakten sich bei dem Funker unter und zogen dessen reglosen Körper mit sich.

„Wichser!", Copeland feuerte mit seiner BAR hinter den Deutschen her. Die Kugeln verfehlten ihr Ziel, gruben sich harmlos in eine Häuserwand.

„Bist du wahnsinnig, Copeland? Feuer einstellen!", fuhr Clark ihn wütend an.

„Willst du Mellish treffen, du Idiot?", schrie auch Pellosi.

„Die verdammten Krauts bringen ihn doch um, Sarge", brauste Copeland auf. „Mellish ist Jude, verdammt noch mal!

Wir wissen doch, was diese Hundesöhne mit ihm machen werden!"

„Werden sie nicht!" Miller setzte ein neues Magazin in seine Thompson ein. „Weil wir ihn nämlich da rausholen werden! Mir nach!"

Der Lieutenant sprang auf und die Gruppe folgte ihm. Sie rannten zu der Stelle, wo die Deutschen mit Mellish hinter einer halb eingefallenen Mauer verschwunden waren. Vorsichtig arbeiteten sie sich vor und drangen in ein Haus ein. Herabgefallener Putz knirschte unter ihren Stiefeln, sie stiegen über einen Haufen aufgetürmter Deckenbalken.

„Hier ist nichts, Sarge!", rief Copeland.

„Blut", sagte Burns und deutete auf eine frische Spur roter Sprenkel.

„Pellosi, du übernimmst die Spitze."

„Verstanden, Sarge."

Pellosi schlich mit dem Garand im Anschlag weiter vor. „Da geht's runter in einen Keller", meldete er schließlich.

„Vorsicht!" Misstrauisch beäugte Sergeant Clark den dunklen Kellereingang. „Ganz sachte jetzt!"

Sie stellten sich um den Eingang zum Keller auf, als eine schwere Granate ganz dicht neben der Hausruine einschlug. Die Erschütterung ließ die Reste des Gebäudes wanken, es knarzte gehörig. Dann gab der Boden unter ihnen nach und sie stürzten hinab.

Ringsum war das Knattern von Handfeuerwaffen und Maschinengewehren zu hören, Granaten heulten durch die Luft und explodierten krachend.

Unteroffizier Rauterkus setzte den immer noch vor Schmerzen schreienden Voß ab und winkte Grabowski und Aschenbach zu sich heran.

„Bringt ihn zur Sammelstelle im Keller da vorne!"

„Jawohl, Herr Unteroffizier!"

Die beiden Landser übernahmen den verwundeten Kameraden und brachten ihn in Sicherheit.

„Rauterkus!", rief Drechsler über dem Lärm. „Waren das die Letzten? Die Ari schlägt alles kurz und klein, wir müssen in den Keller!"

Der Unteroffizier sah sich und entdeckte Lehmann, der über einer zusammengesunkenen Gestalt kniete.

„Da ist Lehmann! Ich hole ihn! Geh runter!"

Rauterkus hastete zum Sanitäter rüber.

„Lehmann! Komm runter von der Straße! Die Ari macht alles platt!"

Wie um die Worte des Unteroffiziers zu unterstreichen, fegte eine gewaltige Erschütterung durch die Gasse und holte sie von den Beinen.

„Ich kann ihn doch nicht hier liegen lassen!", rief der Sanitärer, als er sich aufgerappelt hatte und sich wieder um den Verwundeten kümmerte.

„Du stures Arschloch!", schrie ihn Rauterkus an und sah erst jetzt, dass es sich bei dem Verwundeten um einen Amerikaner handelte. „Das darf doch alles nicht wahr sein!"

Er zog sein Messer hervor und schnitt die Gurte des Tornisterfunkgeräts durch, dessen zertrümmerte Reste am Rücken des Amerikaners hingen.

„Pack zu und weg hier!"

Sie nahmen den Verwundeten unter den Armen und schleppten ihn zwischen sich mit. Ein MG legte los, Kugeln peitschten ihnen nach, rissen den Putz aus der Hauswand neben ihnen. Jemand brüllte.

Sie erreichten das verfallene Haus, stiegen über die Trümmer und dann die Stufen hinab in den Keller.

„Wen habt ihr da?", fragte Höffer.

„Einen, den es übel erwischt hat", antwortete Lehmann knapp.

„Das ist ja ein Ami!"

„Und?"

„Ich mein ja nur …"

Höffer sah Rauterkus an, der nur kurz mit dem Kopf schüttelte. „Frag nicht."

Eine gewaltige Detonation ließ den ganzen Keller wanken und als die Decke knirschte, richteten alle den sorgenvollen Blick nach oben.

Dann kam mit einem lauten Krachen ein Teil der Decke herunter. Staub hüllte alle ein, brachte die Männer zum Husten und Würgen.

Nur allmählich war im schwachen Schein der Sturmlaternen etwas zu erkennen. Mehrere staubgraue Gestalten lagen auf den Trümmern und versuchten, sich aus dem Gewirr von Gliedmaßen zu befreien.

Mühlstein musste trotz allem lachen: „Die hat's durcheinandergewürfelt."

Rauterkus eilte hinüber und zog den oberen Mann am Arm herum.

„Alles in Ordnung mit …"

Der Unteroffizier verstummte, als ihm klar wurde, dass der Mann, den er am Arm festhielt, ein amerikanischer Soldat war.

Im selben Moment erkannte auch der Ami, mit wen er es hier zu tun hatte.

Reflexartig griffen beide an ihre Hüfte und rissen die Pistole aus dem Halfter. In der nächsten Sekunde hatten beide den Lauf einer .45er Colt vor der Nase.

„Amerikaner!"

„Germans!"

Die Rufe gellten durcheinander.

Waffen wurden nach oben gerissen, Zeigefinger spannten sich um den Abzug.

Die verfeindeten Soldaten befanden sich in einer Pattsituation. Die Sekunden verstrichen, die allen wie eine Ewigkeit vorkamen. Niemand sprach ein Wort oder wagte es, auch nur einen Muskel zu rühren. Allen war klar, dass ein Feuergefecht in diesem engen Keller zu einem blutigen Gemetzel führen würde.

Der Sergeant zu Rauterkus Füßen blinzelte verwirrt, als er die Mündung des amerikanischen Colts vor seinem Gesicht sah. Dann suchte sein Blick den des Unteroffiziers und er riss vor Verwunderung die Augen auf.

„You? You again?“

„Der Sergeant?“

„Karl?“, verlangte Drechsler angespannt nach einer Erklärung.

„Das ist der Sergeant, dem wir die verwundeten Panzerfahrer übergeben haben“, informierte Rauterkus. Diesen Mann jetzt zu erschießen … nein, das wäre falsch. Es fühlte sich einfach falsch an.

Ganz langsam zog Rauterkus die Pistole zurück und senkte den Lauf in Richtung Boden. Es war eine impulsive Entscheidung aus dem Bauch heraus, die Rauterkus nicht durchdacht hatte.

Der US-Sergeant sah ihn an. Die Überraschung war in seinen Augen zu sehen. Einige Sekunden lang rang er mit sich, doch dann senkte auch er die Waffe.

„Karl?“

„Alles in Ordnung.“

„Clark?“

„I´am fine, Sir.“

Eine weitere Erschütterung ließ alle zusammenzucken, um ein Haar hätten sie vor Schreck das Feuer aufeinander eröffnet. Mehr Staub und Mörtel rieselten von der Decke herab, die Soldaten beider Nationalitäten husteten.

„Jemand muss mir hier helfen, oder wir verlieren den Jungen“, meldete sich Lehmann zu Wort. Seine Hände waren bis zu den Ellbogen blutig. Der Sanitäter hatte sich die ganze Zeit über um den verwundeten Amerikaner bemüht.

Burns hob den Kopf. „Sir, die kümmern sich um Mellish. Bitte um Erlaubnis, dem deutschen Sanitäter zu helfen."

„Burns, Sie …", begann Miller hitzig und sah zu den Deutschen rüber. Deren Offizier musterte ihn intensiv. Dann ließ er seine MP40 am Gurt zur Seite gleiten, bis der Lauf auf den Boden zeigte. Der Kraut nickte ihm zu.

„Verdammt, Burns! Okay, gehen Sie!" Miller richtete die Thompson ebenfalls auf den Boden.

„Sir?", fragte Copeland unsicher. Der stämmige MG-Schütze hatte seine BAR immer noch nicht unter den Trümmern hervorziehen können und hielt nur die Pistole in der Hand.

„Sir!"

„Was denn, Copeland?"

„Was … was machen wir hier, Sir?"

Wenn Miller das nur wüsste.

Weitere Einschläge ließen ein Zittern durch den Boden laufen. Mehr und mehr Geschütze aller Kaliber feuerten auf Schmidt. Wie von einem Erdbeben geschüttelt, wankten die Gewölbe des halb eingebrochenen Kellers. Unaufhörlich trommelten Explosionen durch die Ortschaft im Hürtgenwald.

Die beiden Sanitäter achteten nicht mehr auf ihre Umgebung, konzentrierten sich allein auf ihre Aufgabe. Sie verstanden sich ohne viele Worte. Burns zog ein kleines Tütchen aus seiner Sanitätstasche.

„Sulfonamid."

„Ah."

Die beiden verteilten das Pulver auf dem aufgerissenen Rücken des Funkers. Das schwere Tornistergerät hatte einen Teil der Granatsplitter abgefangen und Mellish gerade so das Leben gerettet.

Schließlich legten die Sanitäter einen Verband an. Der Funker ächzte und stöhnte, seine Augen öffneten sich halb und er begann vor Schmerzen zu wimmern.

Lehmann zog eine Spritze hervor.

„Morphium."

„Okay."

Lehmann setzte die Spritze, Mellish versank wieder in Bewusstlosigkeit.

„Woher wissen wir, dass der Kerl Mellish nicht umbringt?", zischte Copeland.

„Weil ich Sanitäter bin", antwortete Lehmann auf Englisch, ohne die Augen von Mellish abzuwenden. „Ich bringe niemanden um!"

„Klar doch! Alle Krauts sind Mörder! Schon immer gewesen! Das weiß jedes Kind", blaffte Copeland barsch zurück. So etwas wie Verlegenheit kannte der MG-Schütze aus Mississippi nicht, aber dass der Deutsche ihn verstanden hatte, überraschte ihn doch.

„Und alle Amis sind entweder Kriminelle aus New York oder primitive Rednecks aus dem Süden, richtig?", fragte Rauterkus auf Englisch.

Copeland riss die Augen auf, sein Unterkiefer sackte vor Verblüffung ab. Zum ersten Mal hatte es ihn doch glatt die Sprache verschlagen.

„Da hat der Kraut dich aber fein erwischt, was, Copeland?", ächzte Pellosi. Die angespannte Situation löste sich allmählich.

„Schnauze, Pellosi!"

Einige der Jungs lachten leise, andere mussten auf die Übersetzung warten und grinsten dann schwach. Das verhinderte jedoch nicht, dass sie nervös über ihre Waffe strichen und die Finger nie zu weit vom Abzug entfernt hielten. Die einzige Ausnahme bildeten die beiden Sanitäter, die Hand in Hand die Wunden von Mellish versorgten. Dabei gingen sie so geschickt vor, als hätten sie schon immer eng zusammengearbeitet.

Die anderen Männer sahen mit gemischten Gefühlen zu, wie die Sanitäter Mellish zusammenflickten.

„Gut", meinte Burns. „Ich glaube, wir haben soweit alles getan, was wir tun können."

„Ja", stimmte Lehmann zu, „aber der Mann sollte trotzdem so schnell wie möglich in ein Lazarett. Ich mache mir Sorgen wegen innerer Blutungen."

„Da hast du recht."

In einer Ecke des Kellers gab Voß ein Stöhnen von sich. Sein Gesicht war vor Schmerz ganz blass, dicke Schweißperlen standen ihm auf Stirn und Oberlippe. Der Notverband an seinem Oberschenkel war inzwischen blutdurchtränkt.

„Lehmann, dem Voß geht es nicht besonders gut", sagte Höffer, dem die Sorge um seinen Freund anzuhören war.

„Kommst du hier alleine klar?", fragte Burns.

„Ja, geh."

Der amerikanische Sanitäter eilte zu Voß, begleitet von teils ungläubigen Blicken der anwesenden Landser und GIs.

Oberleutnant Drechsler beobachtete derweil den amerikanischen First Lieutenant. Der hatte das Gesicht eines Filmschauspielers und erwiderte den Blick. Ganz langsam, um keine Missverständnisse zu verursachen, zog Drechsler die Zigarettenpackung aus seiner Feldbluse hervor und steckte sich eine Kippe zwischen die Lippen. Einem Impuls folgend bot er seinem Gegenüber eine an.

Der amerikanische Offizier mit dem Schauspielergesicht zögerte einem Moment lang, nahm dann aber eine Zigarette. Drechsler gab ihm Feuer und steckte zuletzt seine eigene Kippe an.

„Herr … Herr Oberleutnant …", kam die zaghafte Stimme von Aschenbach.

„Ja?"

„Was … ich meine … was machen wir denn jetzt?“

„Wir rauchen eine Zigarette, Herr Gefreiter.“

Das ließ Aschenbach einigermaßen ratlos zurück. Aber den anderen Männern im Keller erging es nicht anders. Auf so eine Situation hatte sie niemand vorbereitet.

Der junge Aschenbach fasste sich ein Herz und versuchte es erneut: „Sind wir Gefangene, Herr Oberleutnant?“

„Nein, sind wir nicht.“

Die Amerikaner, welche Deutsch verstanden, hoben reflexhaft den Kopf. Finger tasteten sich wieder auf den Abzug diverser Waffen zu.

„Dann … sind die Amerikaner unsere Gefangenen?“

„Nein, die Amerikaner sind auch nicht unsere Gefangenen“, sagte Drechsler laut und deutlich.

Jene Finger nahe einem Abzug entspannten sich wieder, was dem Oberleutnant nicht entging.

„Und was wird jetzt?“

„Wir warten.“

„In Afrika haben wir einmal eine ganze Nacht warten müssen“, sagte Rauterkus. „Wir waren auf Spähtrupp und trafen in dieser Oase auf ein paar Tommys, als der Beschuss von beiden Seiten einsetzte.“

„Ja, das war schon etwas verrückt“, erinnerte sich Drechsler. „Wir hockten alle zusammen in den Löchern und warteten darauf, dass wir weiterziehen konnten.“

Verwunderte Blicke wurden ausgetauscht.

„Ähm“, begann Mühlstein, „und wie ging es dann weiter, Herr Oberleutnant?“

„Am Morgen haben wir uns die Hände gereicht und sind wieder zu unseren Linien zurückgekehrt.“

„Einfach so?“

„Einfach so“, bestätigte Drechsler.

Copeland rutschte hin und her, als er versuchte, eine bequemere Sitzposition zu finden, und schüttelte den Kopf. „Crazy Germans", brummte er.

„Nicht so verrückt, wie ein Opossumjäger aus dem Süden", sagte Lehmann.

„Häh?", Copeland starrte den Kraut mit offenem Mund an.

„Du kommst doch aus dem Süden. Das höre ich deiner Art zu reden an."

„Und woher willst du das wissen, Kraut?"

„War vor dem Krieg für fast ein Jahr bei Verwandten in Amerika. Sehr nette Leute."

Copeland zog seine Tabakdose hervor und steckte sich etwas Priem in den Mund.

„Hmpf", gab der MG-Schütze von sich. „Wo warst du?"

„Redding, Philadelphia."

In diesem Stadtteil lebten fast nur deutsche Einwanderer.

Die GIs ließ es durchaus nicht kalt, dass einer ihrer Gegner ihr Land besucht hatte. Das war ihnen deutlich anzusehen.

„Warum kämpfst du dann für Hitler?", wollte Pellosi wissen.

„Wir kämpfen für unser Land", stellte Rauterkus klar. „Für unsere Familien. Für unsere Brüder."

Er zeigte auf seine Kameraden.

Die GIs wechselten nachdenkliche Blicke. Das konnte jeder von ihnen nachvollziehen.

„Ein verrückter Krieg", meinte Clark schließlich.

Rauterkus ließ ein trockenes Lachen hören: „Ja."

„Eurem Verwundeten geht es so weit gut", meldete Burns, der Voß´ Wunde versorgt hatte. „Aber auch er muss dringend in ein Lazarett."

„Da werden noch eine Menge anderer Jungs hin müssen", meinte Lehmann und deutete auf die Decke. „Der Beschuss lässt nach. Es wird viele Verwundete geben."

„Nun", sagte Burns gedehnt. „Wir haben hier noch etwas Platz ..."

Lehmann neigte den Kopf zur Seite. „Da hat er nicht unrecht, Herr Oberleutnant."

Die Offiziere sahen einander an.

„Und was machen wir jetzt?"

Es war nicht geplant. Es war improvisiert. Es war schlichtweg verrückt.

„Das ist doch bescheuert!", schimpfte Copeland aufgebracht. „Dafür kann man uns an die Wand stellen!"

„Dafür werden die uns an die Wand stellen", befürchtete auch Höffer.

Die beiden so ungleichen Männer sahen sich in die Augen.

„Aber wir können die armen Schweine ja nicht einfach so liegen lassen", fügte Höffer an.

„Nein, können wir nicht."

Nach Abebben des Sperrfeuers glich Schmidt einem Trümmerhaufen. Kaum ein Stein war auf dem anderen geblieben.

Überall lagen Verwundete beider Seiten verstreut: Männer mit Verletzungen an Kopf, Armen oder Beinen, mit abgerissenen Gliedmaßen und blutigen Leibern. Viele schrien und wanden sich vor Schmerzen, andere lagen ganz still, mit wachsbleichem Gesicht. Erfahrene Soldaten wussten, dass gerade die Stillen kaum eine Chance hatten, die nächste Nacht zu überleben. Verschiedentlich erklangen Schmerzensschreie und Gebete.

Copeland spuckte seinen Priem in den Schnee und rieb sich die vor Kälte starren Finger. „Verfluchte Scheiße."

In der Nähe wimmerte jemand. „Hilfe. Helft mir", flehte eine dünne Stimme.

Hinter der nächsten Ecke lag ein junger Grenadier, vielleicht achtzehn Jahre alt.

„Ich hab´ was abgekriegt", knirschte der Junge mit zusammengebissen Zähnen hervor. „Mein Bauch …"

Ein Splitter hatte seine Bauchdecke wie mit einem Skalpell geöffnet. Mit beiden Händen, fest auf die schaurige Wunde gepresst, versuchte er, seine Därme im Leib zu halten. Erst jetzt realisierte der Junge, dass ein Amerikaner vor ihm hockte.

„Nein, bitte … bitte nicht erschießen", flehte der Grenadier. „Bitte nicht …"

Die haben vor uns genauso Angst wie wir vor ihnen, durchfuhr es Copeland.

„Ich tue dir nicht", versuchte er den Grenadier zu beruhigen und riss sein Verbandspäckchen auf. „Ich helfe dir. He, komm mal rüber!"

Höffer eilte hinzu und fluchte leise. „Scheiße."

„Können wir etwas tun?"

„Ich gebe ihm Morphium", sagte Höffer uns setzte dem Jungen eine Spritze.

Der Grenadier versuchte mit seinen schwindenden Sinnen noch immer, eine Situation zu begreifen, in der ihm ein deutscher und ein amerikanischer Soldat zu Hilfe gekommen waren. Er wurde von einem Krampf geschüttelt, blutiger Schaum trat ihm aus Mund und Nase.

„Mama", stieß er hervor. „Mama, ich will nach Hause …"

Gemeinsam versuchten Höffer und Copeland, die Blutung abzudrücken, obwohl dies vergeblich zu sein schien. Ihnen blieb nur das Hoffen auf ein Wunder. Doch ein Wunder stellte sich nicht ein. Die Augen des Jungen verschleierten wie Atemluft an einem kalten Abend. Trotz der Betäubung gelang es ihm, sich mit den blutigen Fingern an Copelands Ärmel festzukrallen. Seine trüben Augäpfel waren steil nach oben gerichtet, als würde er dort etwas sehen.

„Mama … Mama …"

Die beiden Männer spürten, wie das Leben aus dem geschundenen Körper wich. Zurück blieb eine blutige Hülle.

Eine ganze Weile lang blieben Höffer und Copeland neben der Leiche hocken. Es traf selbst den härtesten Zyniker bis ins Mark, wenn ein sterbender Mann wieder zu einem kleinen Jungen wurde, der nach seiner Mutter rief. Nein, eine solche Erfahrung ließ niemanden ungerührt.

Copeland war nie ein großer Denker gewesen und wusste dies auch. Aber jetzt drängten sich ihm Fragen auf. Man hatte ihnen eingebläut, die Deutschen als blutrünstige Hunnen zu sehen, als tollwütige Hunde, als Monster, die man nur abknallen brauchte. Offenbar traf dies umgekehrt genauso zu. Doch der Tod des jungen deutschen Soldaten veranlassten ihn nun, sich Fragen zu stellen:

Was tun wir hier?

Warum bringen wir uns gegenseitig um?

„Wir …“ Höffer brach ab und schluckte den Kloß in seinem Hals runter. „Wir müssen weiter. Helfen, wo wir können.“

„Ja.“ Copeland atmete tief durch. „Ja, das müssen wir.“

„Sie sind wohl des Wahnsinns fette Beute, Mann!“

Es war das erste Mal, dass Unteroffizier Rauterkus erlebte, wie Major Stüttgen die Stimme erhob. Und dann gleich so eindrucksvoll.

„Ich bitte den Herrn Major um Verzeihung, aber der Herr Major wollte informiert werden, wenn wieder etwas … Außergewöhnliches vorfällt“, entgegnete Oberleutnant Drechsler untertänig.

„Außergewöhnlich? Wollen Sie mich auf den Arm nehmen, Oberleutnant?“, polterte Stüttgen mit geröteten Wangen.

„Natürlich nicht, Herr Major“, beeilte sich Drechsler zu versichern.

Stüttgen gab ein wütendes Schnauben von sich. Nachdem Schmidt durch die heftigen Kämpfe zum größten Teil dem

Erdboden gleich gemacht worden war, hatte der Major seinen Gefechtsstand in die Mestrenger Mühle verlegt. Er konnte von hier oben einen großen Teil des Schlachtfeldes überblicken und wusste natürlich, wie erbittert um Schmidt gerungen worden war.

Stüttgen stierte auf das raue Holz der leeren Munitionskiste, die ihm wieder einmal als Schreibtisch diente. Er rieb mit dem Daumen über die unebene Fläche, ihn überkam aber keine Eingebung, die ihm aus diesem Schlamassel heraushelfen konnte.

„Was Sie da betreiben, ist Fraternisierung mit dem Feind", sagte Stüttgen schließlich berechnend. „Jedenfalls könnte uns das irgendein Sesselfurzer im rückwärtigen Raum so auslegen!"

Rauterkus hätte vor Erleichterung beinahe einen Seufzer von sich gegeben. Der Major hatte von „uns" gesprochen, man durfte also hoffen, dass er zu ihnen stand.

Stüttgen zog mit mechanischen Bewegungen seine Pfeife hervor und begann, Tabak in sie zu stopfen.

„Berichten Sie noch einmal von Anfang an", verlangte er knapp.

„Jawohl, Herr Major. Nachdem der Beschuss eingestellt wurde, haben wir damit begonnen, unsere Verwundeten zu versorgen. Natürlich kümmerten wir uns auch um die Verwundeten der Gegenseite. Es ergab sich, dass unsere Sanitäter Amerikaner versorgten und amerikanische Sanitäter unsere Männer. Und dann kam der Vorschlag auf, eine provisorische Verwundetensammelstelle einzurichten. Da kaum noch intakte Gebäude vorhanden waren, wurden Amerikaner und Deutsche zusammengelegt … aus rein praktischen Gründen, versteht sich", erläuterte Drechsler.

„Natürlich".

Erstaunlich, dachte Rauterkus bei sich, *wie viel Sarkasmus der Major in ein einziges Wort legen kann. Aber da Jupp es mit der*

Wahrheit nicht so genau genommen hat, ist das durchaus verständlich …

„Aufgrund der großen Anzahl an Verwundeten wurde klar, dass mehr Hilfe benötigt wurde", fuhr Drechsler fort. „Diese versuchten wir zu beschaffen."

„Wie viele Verwundete befinden sich in Schmidt?", wollte Stüttgen wissen und zündete sich seine Pfeife an.

„Genaue Zahlen kann ich Ihnen nicht nennen, Herr Major, aber Doktor Rösler schätzt, dass …"

„Doktor Rösler?", unterbrach Stüttgen den Oberleutnant mit einer steilen Falte auf der Stirn. „Unser Doktor Rösler? Der Regimentsarzt?"

„Jawohl, Herr Major."

Stüttgen stieß eine Wolke Rauch hervor. „Wann haben Sie denn den Regimentsarzt hinzugezogen?"

„Wie ich schon erwähnte, wurde mehr Hilfe für die Verwundeten benötigt. Und der Regimentsarzt schien die am besten geeignete Person für diese Aufgabe zu sein."

„Und nachdem Sie all das organisiert haben, inklusive der Zusammenarbeit mit den Amerikanern, dachten Sie sich, dass es an der Zeit sei, ihrem Kommandeur von der ganzen Angelegenheit zu berichten, ja?", fragte Stüttgen bissig.

„Nun, nicht ganz, Herr Major."

Stüttgen schnaubte erneut und nuckelte an seiner Pfeife. Er sog den Rauch ein und ließ ihn dann langsam wieder entweichen. „Sie wollte gerade berichten, wie viele Verwundete in Schmidt liegen."

„Laut Doktor Röslers Schätzung etwas mehr als 500."

Der Kommandeur hätte sich beinahe an seinem Pfeifenstiel verschluckt.

„500?", wiederholte er ungläubig.

„Jawohl, Herr Major. Allerdings werden laufend weitere Verwundete zur Sammelstelle gebracht, es werden also inzwischen weit mehr sein. Und das bei der Hundekälte."

„Haben wir noch Verbandsmaterial?"

„Ist so gut wie aus. Allerdings stehen die Amis in dieser Hinsicht besser da. Wenn wir also das Material aufteilen …"

„Verstehe." Der Major straffte seinen Oberleib, dann grinste er schief. „Nun gut, da ja anscheinend ohnehin alle außer mir bereits an dieser Unternehmung beteiligt sind, sollten wir zusehen, dass wir das richtig auf die Reihe bekommen. Und damit meine ich, dass wir nicht alle vor dem Standgericht enden."

„Jawohl, Herr Major", antworteten Drechsler und Rauterkus gleichzeitig.

„Eine Sache noch." Der Major kramte in seinem Rucksack herum und holte eine Flasche französischen Cognac sowie drei kleine Gläser hervor. Er schraubte die Flasche auf und schenkte jedem zwei Finger breit ein. Der Himmel allein mochte wissen, wo der Major die Flasche herhatte. Die Zeiten, in denen mit französischer Beuteware gehandelt wurde, waren lange vorbei.

„Die hier habe ich für eine besondere Gelegenheit aufgehoben. Trinken wir also, meine Herren, so lange wir das noch können."

Stüttgen reichte Drechsler und Rauterkus ein Glas. „Auf ein baldiges Ende des Krieges. Und darauf, dass wir nicht an die Wand gestellt werden. Prost!"

Mai 1945

„Der Krieg ist zu Ende! Der Krieg ist zu Ende!"

Aschenbach raste laut rufend von hinten auf die kümmerliche Abwehrlinie der Landser zu, die sich hinter der niedrigen Mauer eines Bauernhofes in Stellung gebracht hatten.

Hohlwangige, bärtige Gesichter wandten sich dem Obergefreiten zu, der einen Zettel hin und her schwenkte.

„Was faselst du da?", wollte Mühlstein wissen.

„Der Krieg ist aus!" Der junge Soldat drohte vor Aufregung beinahe überzuschnappen, so hört es sich zumindest an. „Dönitz hat die bedingungslose Kapitulation verkündet!"

Die anderen Männer sagten nichts. Sie rührten sich nicht einmal, sondern starrten nur vor sich hin. Vielleicht begriffen sie auch gar nicht, was sie da hörten.

„Woher haben Sie das, Aschenbach?", fragte Hauptmann Drechsler. Immerhin hatten sie seit zwei Tagen keinen Kontakt mehr zu anderen Einheiten gehabt.

„Ein Melder kam per Fahrrad. Seit der Nacht vom 8. auf den 9. Mai herrscht offiziell Waffenstillstand! Hier ist die Nachricht, Herr Hauptmann. Es ist vorbei."

„Es ist vorbei", wiederholte Drechsler tonlos. Dann las er, was das Stückchen Papier aussagte. Dort stand es, schwarz auf weiß.

„Es ist vorbei."

Die Parole pflanzte sich durch die Reihen der Männer fort. Ganze 17 waren übriggeblieben.

Der ewige Unteroffizier Rauterkus nahm den Helm ab und fuhr sich durchs Haar. „Aus und vorbei."

„Und die ganze Scheiße umsonst", stöhnte Richards.

„Was machen wir denn jetzt?" Grabowski schüttelte den Kopf. „Ich meine, das ist doch die naheliegende Frage, oder?"

„Wir halten erst einmal die Füße still", sagte Drechsler. „Und warten darauf, was kommt. Hat keinen Sinn, jetzt noch ein unnötiges Risiko einzugehen."

Die Männer verharrten im dumpfen Brüten über ihre Lage und ihr ungewisses Schicksal. Dann begannen die ersten, Pläne zu schmieden.

„Ich denke, ich werde Maurer werden", verkündete Aschenbach. „Es gibt ja so viel wieder aufzubauen, da werden doch viele Maurer gebraucht, nicht?"

„Stimmt schon", bestätigte Grabowski. „Ich war vor dem Krieg Elektriker. Die werden auch gebraucht werden."

„Da kommt ein Auto!", rief Mühlstein, der den Feldweg im Auge behalten hatte. „Der Bursche auf dem Rücksitz hält eine weiße Fahne hoch!"

„Ruhig bleiben, Männer", ermahnte Drechsler. „Das mir niemand schießt, bevor ich den Befehl dazu gebe! Verstanden?"

„Verstanden, Herr Hauptmann."

Das Fahrzeug, ein US-amerikanischer Geländewagen vom Typ *Willys*, holperte den Feldweg herauf. Neben dem Fahrer und dem GI auf dem Rücksitz befand sich ein First Lieutenant im Fahrzeug.

„Die sind aber sehr von sich überzeugt", brummte Kleve.

Rauterkus zuckte mit den Achseln. „Können die sich ja auch leisten."

Der Wagen stoppte 15 Meter vor dem Gehöft, der amerikanische Offizier stieg aus.

„Wer hat hier das Kommando?", fragte er auf Deutsch.

„Das bin ich. Hauptmann Drechsler."

Der US-Offizier grüßte. „First Lieutenant Brown, Sir. Wie Sie bestimmt schon erfahren haben, ist der Krieg aus."

„Ja, davon haben wir gehört", bestätigte Drechsler nüchtern.

„Ich muss Sie auffordern, sich in meine Gefangenschaft zu begeben, Herr Hauptmann."

Damit war es offiziell.

Hauptmann Drechsler besah sich das kümmerliche Häuflein, das sich auf dem Papier „Bataillon" schimpfte. „Unteroffizier Rauterkus, lassen Sie die Männer antreten."

„Zu Befehl, Herr Hauptmann. Die Männer antreten lassen", bestätigte Rauterkus und grüßte mit der Hand an der Stirn.

Drechsler erwiderte den Gruß und sah zu, wie Rauterkus die Männer in zwei Reihen antreten ließ. Dann kehrte er zurück und grüßte den Hauptmann erneut. „Herr Hauptmann, die Männer sind angetreten."

„Danke, Herr Unteroffizier."

Drechsler legte die Hand an den Mützenrand. „Männer, wir begeben uns nun in Gefangenschaft. Wir haben zusammen gekämpft, jetzt werden wir zusammen auch den schwersten Weg eines Soldaten gehen. Ich danke euch für alles, was ihr geleistet habt."

Mit diesen knappen drei Sätzen hatte Drechsler mehr gesagt, als ein ganzes Buch hätte aussagen können. Den Landsern schnürte es die Kehle zu.

Der Hauptmann drehte sich zu dem amerikanischen Offizier um. Der First Lieutenant hatte das Ganze mit Interesse verfolgt und nahm Haltung an.

„First Lieutenant Brown, Hauptmann Drechsler begibt sich mit seinem Bataillon in Ihre Gefangenschaft."

Die beiden Offiziere salutierten voreinander. Dann sah Brown an dem Hauptmann vorbei auf die wenigen Landser.

„Ähm, Hauptmann, wo ist der Rest Ihres Bataillons?"

„Der Rest?" Drechsler spürte einen dicken Kloß im Hals. „Das ist alles, was noch übrig ist."

Ungläubig starrte Brown auf die wenigen verdeckten Gestalten vor sich. Er öffnete den Mund, brachte jedoch keinen Ton hervor.

Er salutierte erneut und Drechsler erwiderte den Gruß.

Ein Lastwagen der US-Armee rollte den Feldweg herunter. Den Männern stand die Fahrt ins Gefangenenlager bevor.

Die Nachkriegszeit

Das Kriegsende bedeutete nicht für alle eine Verbesserung. In den berüchtigten Rheinwiesenlagern starben die Kriegsgefangenen an Hunger, Hoffnungslosigkeit und Willkür der Bewacher. Das Campieren auf der bloßen Erde und das nicht Vorhandensein sanitärer Anlagen förderte die Ausbreitung von Krankheiten. Kaum ein Morgen verging, an dem nicht dutzende Kameraden tot im Schlamm aufgefunden wurden. In den ersten drei Monaten ereilte Hunderte und Tausende dieses Schicksal.

Grabowski holte sich eine Lungenentzündung und verstarb wenig später, weil keine Medikamente verfügbar waren.

Höffer ertrank, als sein Erdloch nach tagelangem Regen zusammenbrach und ihn begrub.

Aschenbach versuchte, ein Stückchen Brot zu ergattern, das in Zaunnähe im Schmutz lag, und fing sich die Kugel eines Wachpostens ein.

Mühlstein wollte sich nicht von seinem Ehering trennen, woraufhin ihm der US-Soldat, der bereits vier Uhren und drei Ringe an Händen und Handgelenken trug, den Unterkiefer wegschoss. Mühlstein verstarb zwei Tage später.

Nur ganz allmählich änderte sich das Verhalten der Lagerwachen, und die Gefangenen wurden entweder entlassen oder auf andere Lager verteilt.

So mancher Landser verdrückte bitterliche Tränen, als ihm im Rahmen der politischen Umerziehung Filme aus den Vernichtungslagern vorgeführt wurden. Nur die ideologisch völlig Verblendeten wollten die Wahrheit immer noch nicht akzeptieren. Diese waren es dann auch, die weiterhin in den Lagern bleiben mussten. Die als unbedenklich eingestuften Gefangenen wurden nach wenigen Monaten entlassen. Darunter befanden sich auch Drechsler und Rauterkus.

Die folgende Zeit war für alle sehr schwer. Ganz Deutschland lag in Trümmern. Hunger und Hoffnungslosigkeit waren ständige Begleiter der Bevölkerung.

Deutschland wurde in vier Besatzungszonen aufgeteilt. Und schon bald entstand daraus ein neuer Konflikt: Ost gegen West.

Die Arbeitssuche gestaltete sich für ehemalige Soldaten als schwierig. Vielerorts weigerten sich Firmen, die Männer einzustellen. Eine Baufirma in einer kleinen westfälischen Stadt war da keine Ausnahme.

„Sie sind Militaristen", erklärte ihnen Dieter Uhl, Geschäftsführer der Firma, mit einem maliziösen Lächeln auf den Lippen. „Und solche Leute wollen wir hier nicht haben."

„Schon komisch", meinte Rauterkus, dessen Augen gefährlich funkelten. „Du hast für die Wehrmacht Bunker, Brücken und was-weiß-ich-noch gebaut und kräftig daran verdient. Und jetzt willst du uns nicht mal einstellen?"

Uhl lief dunkel an. „Was erlauben Sie sich …!"

„Nebenbei", fuhr Rauterkus ungerührt fort, „wo sind denn deine braune Uniform und das schicke Parteiabzeichen geblieben, Uhl?"

Der Kopf der Sekretärin im vorderen Teil des Büros fuhr herum.

Der Geschäftsführer jedoch zuckte zurück, wurde kreidebleich, und es sah aus, als ob ihn im nächsten Moment der Schlag treffen würde.

„Wer sind Sie?", flüsterte Uhl erschrocken.

„Denk mal scharf nach, Uhl. Wer hat dir Armleuchter damals den Kiefer gebrochen?"

Uhl hatte in den beiden abgerissen wirkenden Männern nicht seine alten Widersacher erkannt. Es war allerdings sehr interessant zu sehen, wie schnell sich Uhls Gesicht von einem ungesunden Käseweiß zu einer deftigen Zornesröte verfärben konnte. Jedenfalls war das Bewerbungsgespräch vorüber und wenig später standen die beiden Freunde vor der Tür, verfolgt von wüsten Flüchen und Verwünschungen.

„Hier werden wir nicht mehr eingestellt", stellte Drechsler fest. „Den Chef zu beleidigen war eine große Hilfe bei unserem Bewerbungsgespräch. Gut gemacht, Karl."

„Wenigstens habe ich ihm keins auf die Zähne gegeben“, überlegte Rauterkus mit einem breiten Grinsen. „Dieses Mal warst du das, Jupp.“

„Tut mir leid, aber das war schon lange überfällig. Dieser blöde Mistkäfer! Der fällt immer wieder auf die Füße!“

„Tja“, meinte Rauterkus gedehnt, „Ungeziefer kann man eben nur schwer loswerden.“

„Stimmt wohl, aber was machen wir jetzt?“

„Irgendwas wird sich ergeben.“

Etwas ergab sich tatsächlich. Einige Tage später trafen sie auf Voß und kehrten in die Dorfkneipe ein, die Drechslers Familie betrieb. Diese war vom Kriege unberührt geblieben.

Hinter der Theke standen der Vater und die Schwester von Drechsler.

„Hier, für euch, Burschen. Die erste Runde geht aufs Haus.“

„Danke, Vater.“ Der jüngere Drechsler fasste seinen Freund ins Auge. „Wann willst du Sabine eigentlich einen Antrag machen, Karl? Du schiebst das schon seit Jahren auf.“

„Zuerst ist ein verdammter Weltkrieg dazwischen gekommen und jetzt haben wir keine Arbeit. Ist also nichts mit Heiraten.“

„Das sieht Sabine aber anders.“

„Themenwechsel bitte, ja?“

Voß kicherte in sein Bierglas. „Ihr benehmt euch echt wie Brüder.“

„Nach allem, was wir zusammen erlebt haben, sind wir doch alle Brüder“, meinte Rauterkus.

„Auch wieder wahr.“ Voß trank einen großen Schluck Bier. „Also zurück zum Thema Arbeit. Ich habe gehört, dass wieder Leute mit militärischer Erfahrung gesucht werden.“

„Doch nicht wieder die französische Fremdenlegion!“, empörte sich Drechsler. „Die ganzen Nazis sind dort hingegangen. Mit denen will ich nichts mehr zu tun haben!“

„Ich doch auch nicht, Josef! Beruhige sich", sagte Voß.
„Nein, es ist was Neues. Nennt sich Bundesgrenzschutz."

„Und was soll dieser Bundesgrenzschutz machen?"

„Na, die Grenzen schützen, würde ich sagen", meinte Voß und lachte, als er die verkniffenen Gesichter seiner Freunde sah. „Wir können ja nicht alle Medizin studieren wie Lehmann, oder?"

„Nein, können wir nicht", seufzte Drechsler.

„Also sehen wir uns die Sache mit dem Bundesgrenzschutz mal an?"

„Sicher. Immer noch besser als aushilfsweise auf dem Bau zu schuften."

Der Koreakrieg, der fünf Jahre nach Ende des Zweiten Weltkriegs ausbrach, führte zu einer weiteren Verschärfung dessen, was nun als „Kalter Krieg" bezeichnet wurde. Und die Westalliierten erkannten, dass sie die noch junge Bundesrepublik in ihren Reihen benötigten, sollte es zu einem offenen Konflikt zwischen Ost und West kommen.

So wurde eine neue deutsche Armee gegründet: die Bundeswehr.

Frühjahr 1957

„Die Rekruten sind angetreten, Herr Hauptmann", meldete Oberfeldwebel Voß seinem Kompaniechef und baute sein vorschriftsmäßiges Männchen.

„Danke, Herr Oberfeldwebel", antwortete Hauptmann Rauterkus und erwiderte den Gruß mit geübter Lässigkeit. Dann wandte er sich den Rekruten zu.

„Guten Morgen, Männer!"

„Guten Morgen, Herr Hauptmann", kam es verhalten zurück.

„Na, da schlafen wohl noch einige", grinste Rauterkus. „Das kriegen wir doch bestimmt besser hin, oder? Guten Morgen, Männer!"

„Guten Morgen, Herr Hauptmann!", schallte es zurück.

„Sehr gut, so klingt das doch gleich viel besser", meinte Rauterkus gut gelaunt. „Rührt euch, Männer!"

Die Kompanie folgte der Anweisung.

„Heute ist ein besonderer Tag für uns, Kameraden. Der Bataillonskommandeur, Oberst Drechsler, kommt mit einigen amerikanischen Offizieren zu Besuch, um sich ein Bild vom Zustand der Truppe zu machen. Wir werden heute also zum Schießstand marschieren und dem hohen Besuch dort eine kleine Kostprobe unserer Fähigkeiten an der Waffe bieten. Ich möchte mir dabei jedoch äußerste Vorsicht ausbitten. Ein Unfall ist das Letzte, was wir gebrauchen können, Kameraden, also ist Obacht das Gebot der Stunde."

Aus dem Augenwinkel erspähte der Hauptmann drei sich nähernde Fahrzeuge und drehte den Kopf. Im offenen Jeep, der an der Spitze einer Fahrzeugkolonne fuhr, erblickte er den Bataillonskommandeur.

„ACH-TUNG!", rief Rauterkus und die Männer standen stramm.

Der Hauptmann machte zackig Front vor den Fahrzeugen und grüßte, als der Oberst aus dem Wagen stieg.

„Guten Morgen, Herr Oberst."

„Guten Morgen, Herr Hauptmann." Drechsler grinste breit und schloss den Hauptmann in die Arme. „Herzlichen Glückwunsch, Karl! Sabine hat mich angerufen. Ein Junge!"

Rauterkus lächelte stolz und zauberte zwei kleine Blechzylinder aus der Brusttasche seiner Feldbluse hervor. „Die habe ich extra für diesen Tag besorgt."

„Du hättest mehr davon mitbringen sollen, Karl. Schau mal, wer da gekommen ist", meinte Drechsler und deutete auf die US-Offiziere, die inzwischen aus den Jeeps geklettert waren.

Die Augen des Lieutenant Colonels mit dem Schauspielergesicht funkelten vergnügt. Hinter ihm stand ein fröhlicher dreinblickender Sergeant Major.

„Ihr Oberst hat uns verraten, dass Sie Vater geworden sind. Ich gratuliere, Hauptmann Rauterkus", sagte Frederick Miller und streckte die Hand aus.

Rauterkus ergriff die Hand und drückte sie. Seine Augen glänzten feucht und er brachte keinen Ton heraus.

Sergeant Major Clark war der nächste Gratulant. „Glückwunsch, Hauptmann. Und alles Gute."

Rauterkus fing sich wieder und stieß ein kurzes Lachen aus. „Danke, Sergeant Major."

Er kramte in seiner Brusttasche herum und förderte zwei weitere Zigarren zutage. „Die habe ich als eiserne Reserve eingepackt."

Die vier Männer standen sich gegenüber, schraubten die Verschlüsse der Zylinder auf und nahmen die Zigarren heraus. Fröhliches Gelächter klang zu den Rekruten herüber, die verwundert zusahen, wie sich die vier gegenseitig auf die Schultern klopften und dabei sehr rührselig wirkten.

„Die scheinen ja gute Freunde zu sein", tuschelte einer der Rekruten seinem Nebenmann zu.

„Und dabei dachte ich, sie hätten im Krieg gegeneinander gekämpft", gab der andere aus dem Mundwinkel zurück. „Jetzt sind sie wohl wirklich Freunde."

Oberfeldwebel Voß schien Ohren wie ein Luchs zu haben, denn er sagte mit einem wissenden Lächeln: „Sie sind mehr als unsere Freunde. Sie sind unsere Brüder."

Das waren sie auch … Waffenbrüder.

Ende

Ihre Zufriedenheit ist unser Ziel!

Liebe Leser, liebe Leserinnen,

hat Ihnen unser Buch gefallen? Haben Sie Anmerkungen für uns? Kritik? Bitte zögern Sie nicht, uns zu schreiben. Wir werden jede Nachricht persönlich lesen und beantworten.

Schreiben Sie uns: info@ek2-publishing.com

Wussten Sie schon, dass Sie uns dabei unterstützen können, deutsche Militärliteratur sichtbarer zu machen? Bitte nehmen Sie sich einen Moment Zeit und bewerten Sie dieses Buch online. Viele positive Rezensionen führen dazu, dass das Buch mehr Menschen angezeigt wird.

Sie können somit mit wenigen Minuten Zeitaufwand unserem kleinen Familienunternehmen einen großen Gefallen tun. Vielen Dank für Ihre Unterstützung!

PS: In seltenen Fällen kommt ein Buch beschädigt beim Kunden an. Bitte zögern Sie in diesem Fall nicht, uns zu kontaktieren. Selbstverständlich ersetzen wir Ihnen das Buch kostenlos.

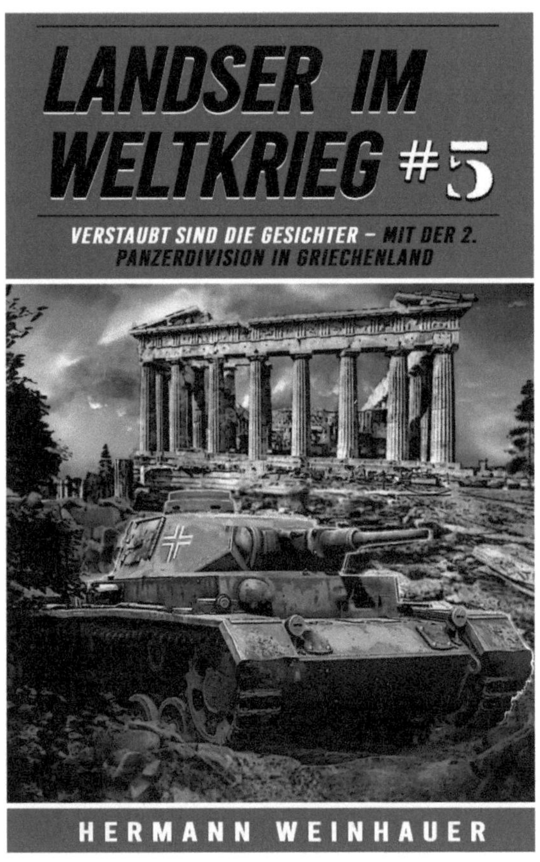

Landser im Weltkrieg – „**Verstaubt sind die Gesichter**"
erscheint im Monat August als E-Book und Taschenbuch
überall, wo es Bücher gibt!

KEINE NEUERSCHEINUNG VERPASSEN UND GRATIS E-BOOK SICHERN!

Tragen Sie sich in den Newsletter von EK-2 Militär ein, um über aktuelle Angebote und Neuerscheinungen informiert zu werden und an exklusiven Leser-Aktionen teilzunehmen.

Als besonderes Dankeschön erhalten Sie <u>kostenlos</u> das E-Book »Die Weltenkrieg Saga« von Tom Zola. Enthalten sind alle drei Teile der Trilogie.

Link zum Newsletter:
https://ek2-publishing.aweb.page

Über unsere Homepage:
www.ek2-publishing.com

Landser im Weltkrieg

kaufen!

Direkt zur Serie:

Eine Veröffentlichung der EK-2 Publishing GmbH

Friedensstraße 12
47228 Duisburg
Registergericht: Duisburg
Handelsregisternummer: HRB 30321
Geschäftsführerin: Monika Münstermann

E-Mail: info@ek2-publishing.com
Homepage: www.ek2-publishing.com

Cover/Umschlag: Kayla Pelgrim
Autor: Stefan Köhler
Lektorat: Martina Wehr
Buchsatz: Heiko Piller

1. Auflage

Druckhinweis: